講談社文庫

東海オンエアの動画が6.4倍楽しくなる本

虫眼鏡の概要欄 クロニクル

虫眼鏡

講談社

取材協力――ＵＵＭ株式会社
構成・本文デザイン――内藤啓二

もくじ

はじめの概要欄

やぁどうも、東海オンエアの虫眼鏡だ。
みなさんって、ＹｏｕＴｕｂｅで動画を観ることってありますか？「お家で簡単にできる料理のレシピ動画」とか、「自分の好きなゲームの実況プレイ動画」とか、「放送部とか言って視聴者さんにメールを送らせ、それについてうだうだ喋るだけのおもしろいラジオ動画」などなど、ＹｏｕＴｕｂｅの海にはありとあらゆるジャンルの動画が溢れていますよね！

その中に、「マルチ系」「やってみた系」などと言われるジャンルがあるんですね。どういうことをやっている人たちが「マルチ系」なのかと言われてもちょっと説明しにくいんですけど、とにかく「これやってみたいんですよね」ということをやっている人たちのことなんですね。一つのジャンルに集中するというよりは、「ジャンル」という言葉の枠に入りようがないようなくだらないことをやっているのが特徴といえば特徴ですかね。

そういった「マルチ系ＹｏｕＴｕｂｅｒ」の中に、「東海オンエア」というグループがいるんですけど、またこの人たちがけっこうおもしろいんですね！　知ってますか？

　東海オンエアはですね、愛知県岡崎市を拠点に活動する男子6人組ＹｏｕＴｕｂｅｒで、この文章を書いている時点で５８０万人以上のチャンネル登録者がいるわけですよ。でもって、年間の動画の総再生回数が日本でＴＯＰ3に入っていたりだとか、高校生の好きなＹｏｕＴｕｂｅｒランキングで男女共に1位だとか、もう「大人気」「トップＹｏｕＴｕｂｅｒ」という言葉がふさわしい、今をときめくグループＹｏｕＴｕｂｅｒなんですよね。知らない方がおかしいレベルと言うか。すみません、この段落だけ1年くらいすると消えるインクで印刷してもらってもいいですか。

「彼らの一番の魅力ってなんですか？」と道ゆく高校生１００人に尋ねたところ、72人が「個性的な6人のメンバー」と答えたという調査結果がある可能性もあるんですね（ちなみに残りの28人は「企画力」と答えたという世界線もあるのかもしれません）。

　一応紹介がてら、メンバーについて簡単にお話ししておきましょう。

　まずはリーダーのてつやさん。オレンジの髪が特徴で、ＹｏｕＴｕｂｅ以外の媒体への露出も多いので、皆さんももしかしたら知っているかもしれませんね。

一応てつやさんは東海オンエアのリーダーなんですけど、「俺様のカリスマ性でみんなをまとめ上げてやるぜ」系の能力は皆無で、他5人のメンバーが「すみませ〜ん、何かをぶつけるならこいつにしてもらっていいですか〜」と担ぎ上げているので、なんか相対的に上にいるだけといったタイプのリーダーなんですね。例えるならちょっとおもしろに振ったタイプのお神輿《みこし》というか。

「上」という言葉を今便宜的に使ってしまったんですけど、東海オンエアはもともと高校の同級生だった奴らの集まりらしく、今でもその関係性は健在、動画の中でとんでもなくひどいことをやり合っているのにもかかわらず、「仲良さそう」「雰囲気がいい」という評判もあるのは、リーダーであるてつやさんの精神年齢が永遠に高校生だからかもしれませんね。人間だれしも歳を重ねると、多かれ少なかれ「自分はこんなすごい人間なんだぜ……」とカッコつけてしまうこともあるかと思うんですけど、身近に「あまりかっこよくないリーダー」がいるというのはそれだけで気持ちが楽になりますよね。まぁてつやさんは「そんなことないのに！」って怒るかもしれませんけど、一応褒めているつもりですからね。

そういえばてつやさんは最近エッセイ本を出されまして、なかなか売れ行き好調だそうです。てつやさんのことをもっと知りたいという方は、ＫＡＤＯＫＡＷＡさんから出版されている『根菜のコンフィ』みたいな名前の本をぜひ読んでみてください。ちなみに売り上げが現時点で10万部の大ヒットということで、同じ東海オンエアのメンバーの虫眼鏡さんが3年にわたり出版した『東海オンエアの動画が6.4倍楽しくなる本　虫眼鏡の概要欄』『続・東海オンエアの動画が6.4倍楽しくなる本　虫眼鏡の概要欄　平成ノルタルジー編』『真・東海オンエアの動画が6.4倍楽しくなる本　虫眼鏡の概要欄　ウェルカム令和編』の合計出版数を早くも抜き去ろうかという勢いです。これはいけないことですね。この『東海オンエアの動画が6.4倍楽しくなる本　虫眼鏡の概要欄 クロニクル』は10万部刷ってくださいと講談社さんにみんなでお願いしましょうね。あと買ってくださいおまえらも。

そしてしばゆーさん。メンバー唯一の既婚者で、東海オンエアの「主砲」と呼ばれ褒め称えられるとてもおもしろいメンバーです！　ちなみに「最低さん」「盗賊」と呼ばれることも多々あります！

「東海オンエアの動画って、どんな動画なんですか?」と聞かれたとき、マルチ系うんぬんのところでも言いましたけど、けっこう説明しにくいんですよね。「まぁ自分たちのやりたいことを好きにやってるだけです～」的な答えでお茶を濁すんですけど、そのとき実は耳には聞こえない透明な声で「『おもしろく』好きなことをやってるだけです〜」と答えているんですよね。大人から「東海オンエアさんはおもしろい動画をアップしているということで……」と言われると焦るので、自分たちから「おもしろい」という言葉はあまり使わないんですけど、もしこのしばゆーさんというメンバーがいなかったら、透明な声ですら『おもしろい』という言葉は使えなかったんじゃないかなと思えるくらい、「東海オンエアの動画はおもしろい動画」と方向づけてくれるおもしろい盗賊なんですね。例えるならカレーの中のカレールゥというか、「別にこいつがいなくても食べられるものは完成するよ、肉じゃがになっちゃうけどね」という存在です。

「人と違うことは怖い」だとか「変な奴だと思われるのが怖い」だとか「スベったら寒い」といったような、普通に生きていれば常識として身につくはずのスキルを返上して、そのスキルポイントを代わりに「丁寧に準備するタイプのボケ」に振ってしまった男、それがしばゆーさんです。

りょうさんは、一言で言うと「イタリアｏｒ白金台で生まれるはずが、間違って岡崎の片田舎《かたいなか》で生まれてしまったハイクラス男」ですね。

りょうさんを他のメンバーたちが「完璧超人」「ヴェネツィアの伊達男《だておとこ》」と囃《はや》し立てると、りょうさんは「そんなことない、変なキャラ付けをすんな」と否定するのですが、でもやっぱりまわりから見ると完璧なんですよ。

りょうさんは「自分が必要だなと思う能力だけを高いレベルでまとめあげた人間」なんですね。もちろんりょうさんにも苦手分野はあるんですが、それって彼を含めたまわりの人間が「別に必要だと思っていない部分」なんですよね。

特に恐ろしいのがりょうさんの人心掌握術ですね。めちゃめちゃ良い言い方をすれば「人付き合いが上手」ということなのかもしれませんが、それだけだとなんだかちょっと不十分な気がしたのでこんな言葉になってしまいました。

グループYouTuberとして活動していると、「やる側・やらせる側」「笑わる側・笑う側」といった構図がどうしても必要になる場合があります。りょうさんは「やらせる側」「笑う側」のスペシャリストで、うまく「やる側」「笑われる側」を洗脳し、誰からも憎まれることなく彼らをいじり倒します。めちゃめちゃ良い言い方をすれば「おもしろい奴のおもしろさを引き出すのが上手《じょうず》」ということなのかもしれませんが、それだけだとなんだかちょっと不十分な気がしたのでこんな言葉になってしまいました。りょうさんが官僚とかにならなくて良かったですね。

一方としみつさんは「やる側」「笑われる側」のスペシャリストですね。しばゆーさんと違うのは、「同じ人間なのに」と思えるところかもしれません。

メンバーの中でも一番の常識人であり、人間っぽいのはとしみつさんです。動画では出していない裏の部分でも、嫌なことには「嫌だ」と言いますし、おかしいことがあれば「おかしいだろ」と怒ります。テンションが高い日もあれば低い日もあります。当たり前ですよね。

そんな普通の人間がこんなことやらされてる……というのを観られるのが東海オンエアなんですね。テレビで観るような「笑いに全てを捧げてしまった芸人さん」や「あまり人間っぽくないしばゆーさん」がおもしろいのはまぁ当然なんですが、自分の身近にいるなんでもない友だちとかおじいちゃんがおもしろいときってなんだか異常におもしろかったりしませんか。としみつさんはそういう存在なんですね。

顔もかっこよく、おしゃれ。音楽活動もしていてスター性もある。だけど東海オンエア。

ほんの少し人の話を聞くのが苦手だっただけなのに東海オンエアでいじり倒されるとしみつさんは、もしかしたら不遇キャラなのかもしれませんが、それでも「こういうことでしょ」と正しい答えを出すことができるとしみつさんは、クラスの人気者が一番目指すべき人間なのかもしれません。

そしてとしみつさんはメンバーで唯一「歳を取れば取るほどおもしろくなりそう」な奴でもあるので、ただの三河のおっちゃんになり果ててもたくさん笑わせてもらうことにしましょう。


ゆめまるさんは太っていて、虫眼鏡さんは身長が小さいです。


そんなおもしろい6人の動画はまた今夜寝る前シコったあとにでも観てもらうとしてですね、注目すべきなのはその動画だけではないんですよね。動画を再生するとき、再生プレイヤーの下にちょこっと動画の説明などを書かれている「概要欄」も東海オンエアはけっこう凝っていたりするんですよね。

特に虫眼鏡さんが担当する動画の概要欄には、まぁ取るに足らないというか、どうがんばって読んでも賢くならない駄文が羅列されているんですが、それをおもしろがってくれるファンの方もいるみたいで、虫眼鏡さんはこれまでに概要欄をまとめた本を3冊も出しているみたいなんですよ。

もちろんその本の中に収録されている概要欄は、虫眼鏡さんが書いた中でも特に自信があるものということなので、さぞかしおもしろいと思うんですが、そのおもしろい概要欄集の中でも特におもしろい概要欄だけを集めたらもっとおもしろい概要欄ができるんじゃないかなと思ったわけですよ。

というわけで！

今日の企画は、「今まで出版した概要欄本の中でめっちゃいい感じじゃんってなったやつと最近の概要欄の中で気に入ってるやつをまとめて本にして由緒正しすぎる講談社文庫さんから出版してみたら10万部売れるんじゃね⁉」です！

え？　タイトル長すぎる？　これじゃテロップのサイズが45とかになって読みにくい？

じゃあ改めて！

「東海オンエアの概要欄まとめてみた！」

それではやっていきましょう！

２０２１年２月14日　東海オンエア　虫眼鏡

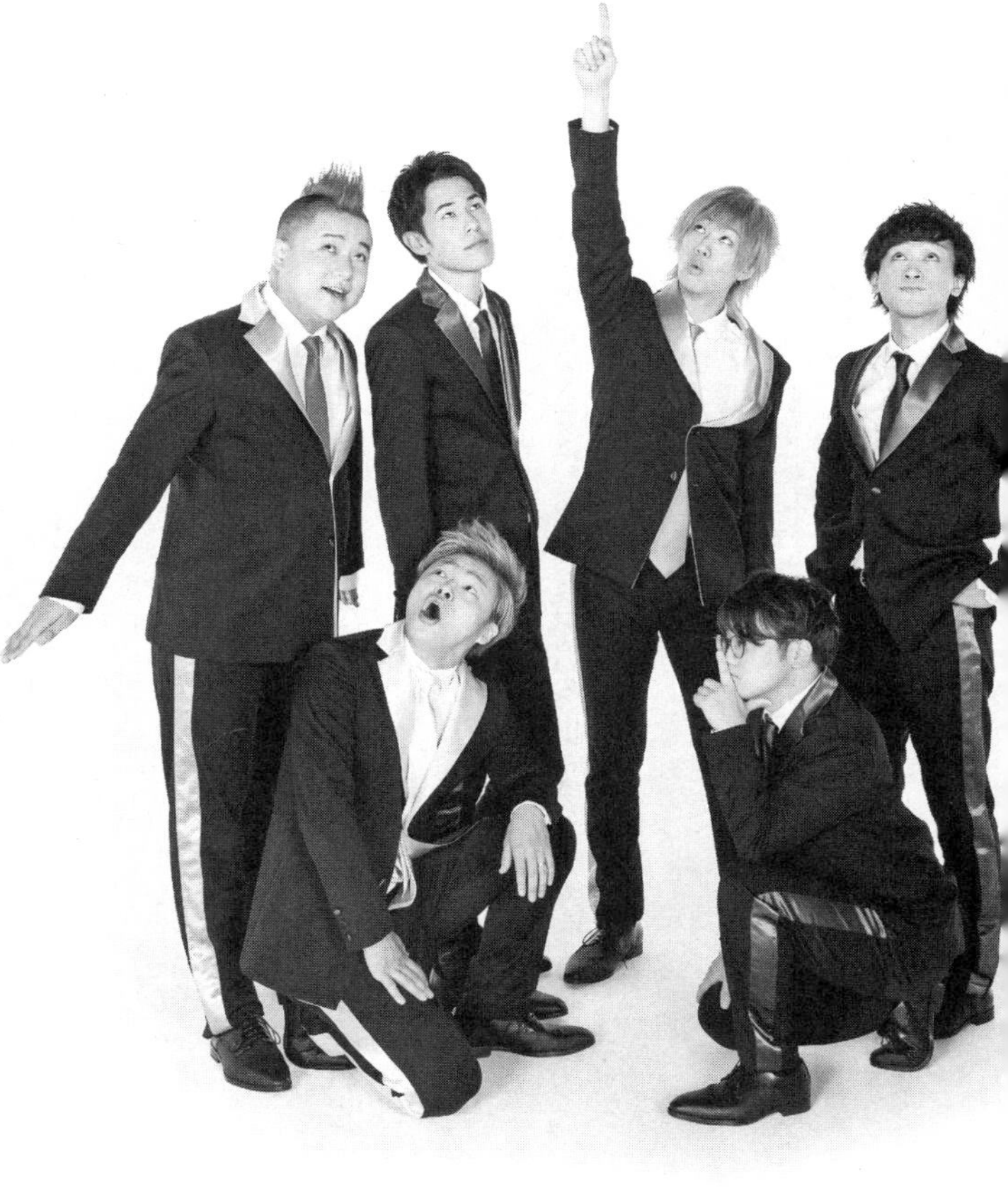

とあるととのいの記録

（書き下ろし）

「その先、２００メートルで目的地周辺です」

飽きるほど聞いているカーナビの機械音声も、心なしか声がうわずっているように聞こえる。

しかし、こんな住宅地に果たしてあの「楽園」があるのだろうか。このあたりにお住まいの「敷地《しきじ》さん」の家に案内していたら液晶バリバリにしてやるからな。

そんなくだらないことを考えているうちに、目の前に突然神々《こうごう》しい輝きが広がった。

サウナしきじ。

サウナの悦楽に溺れて2年弱、ついに辿り着いたエデンの園である。

21時過ぎにもかかわらず、駐車場にはさまざまな県のナンバープレートをつけた車が所狭しと停められている。

噂によると、入館者が多い場合は整理券を渡され、しばらく待たされることもあるそうだが……。

……どうやら今日は大丈夫なようだ。いそいそとタイムサービスの入館料900円を支払い、狭い通路を飛び跳ねるように浴室へと向かう。

扉を開けた瞬間、薬草、浴槽から立ち上る湯気、サウナーたちの汗が入り混じった、なんとも言えない落ち着く香りが鼻腔をくすぐる。そこまで広くはない浴室には水風呂へと流れ落ちる滝が水を打つ音が響いている。

なんといってもしきじの魅力は駿河の湧き水をそのまま使った水風呂である。そのまま飲むこともできるというその水風呂に、とりあえず手を浸けてみたいという衝動を抑え、まずは洗い場で体を清める。サウナは紳士の嗜《たしな》みなのである。

しきじには2つのサウナがある。高温低湿のフィンランドサウナと、高湿度の薬草サウナである。フィンランドサウナにはサウナーの同志があふれかえっていたので、まずは薬草サウナへと入ってみよう。

暑い！　熱い！

サウナ室内の温度計は70度を指している（眼鏡をかけていないので定かではない）が、どう考えても計算が合わないほどの灼熱である。足を床につけるだけで熱い。自分の吐き出した息が体に当たるだけでヒリヒリと痛い。薬草のいい香りで肺をいっぱいに満たしたいのに、とても鼻で呼吸をすることができない。火災訓練のようにタオルを鼻と口に当ててゆっくりと息をしないと死ぬ。汗が体を流れ落ちる感覚が0.5秒おきに訪れる。自分という存在が少しずつ溶けてなくなっていくようだ。

早く出たい。しかし、あの命の泉に飛び込むためには完璧な準備が必要……！

人生の中で一番長く感じた6分を耐え切り、はやる心を抑えながらゆっくりと水風呂へ。

掛け水の時点でわかる。水が「ようこそいらっしゃいました。早く私の中へ」と言っている。

それほどまでに優しく、美しい。経験者が口を揃えて「柔らかい」と意味不明な感想を言うだけのことはある。

体内の水分を出し切った体がおいしそうに水風呂を飲んでいる。一口含んでみた。甘い。紛れもなくただの水なのだろうが、いつまでもほのかな甘みが上顎の奥に張り付いている。

温度がそこまで低くないこともあるだろうが、いつまで経っても「出たい」と思えない。このままこの水と一緒に大きな水槽に入れて自宅へ郵送して欲しいほどだ。


サウナ、水風呂ときたら休憩だ。

浴室の中央にどっしりと据えられたベンチには、一足先に耽美《たんび》の世界へと旅立った同志たちの抜け殻が並んでいる。私も空いていたスペースに腰を下ろし、ゆっくりを目を閉じた……。


コロナとか。1ヵ月ふんどしとか。痩せろだとか。結婚したいなとか。来週のスケジュール大変だなとか。晩ごはんどうしようとか。原稿書かなきゃなとか。

全部どうでもいいじゃない。宇宙から見たら、長い歴史で見たら、ほんのちっぽけなことだよ。なるようになるんだから。一瞬一瞬、目の前の幸せをつないでいけば、最終的に人生大成功でしょ。とりあえず次の幸せに本気出そ……。

フィンランドサウナは逆に暑さをあまり感じないのにしっかりと汗をかけたなぁ。次ここへ来るのはいつにしようか。あまり来すぎるとありがたみがなくなるか。

自分の体に広がった満開の桜のような美しいあまみを眺めながら、とりあえず今日晩ごはんに何を食べたら一番幸せになれるか思いを馳せる。ととのいました。

平成の概要欄

2017年4月 — 2019年4月

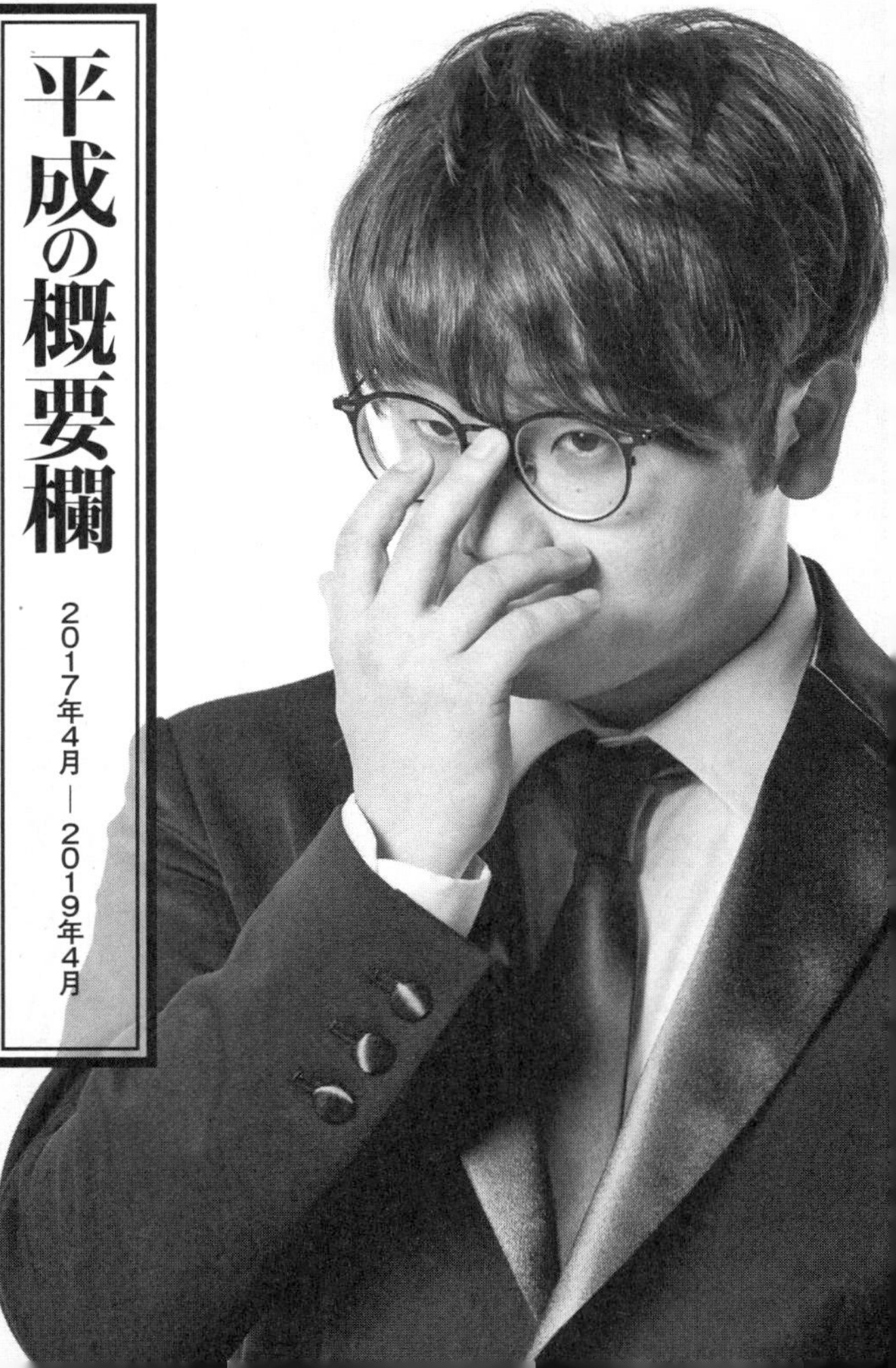

【検証】めちゃくちゃ汗かけばもうトイレに行かなくていいんじゃね？

（２０１７年8月27日公開／メインチャンネルより）

同じ体から出る液体だというのに、汗と尿の待遇の違いといったらひどいものです。「尿の待遇改善活動」の一環として、この概要欄では「汗」を含む言葉を「尿」に入れ替えてやりましょう。

・「手に尿握る」

渋滞などでどうしてもトイレに行けなかった時はやむなしですね。

・「額《ひたい》に尿する」

小便器だと思ったら友達の顔だったときに使いましょう。

・「綸言《りんげん》尿の如《ごと》し」

偉い人の言う言葉はだいたいしょうもないということです。

汗と涙が尊いように、尿だって尊いものなのです。

メンバー6人のだれかがトイレを流しませんでした
（2017年11月11日公開／東海オンエアの控え室より）


皆さんは自分のう◯こを人に見せられますか？　ほとんどの人が、「そんなの恥ずかしくて見せられないよ〜」と言うと思います。

でも、◯んこを見せるのは、ちん◯んを見せるのとはわけが違います。◯んちんは、紛れもなく自分自身の一部であり、それを恥ずかしがるのは人間の羞恥心《しゅうちしん》として理解できます。

でも、うん◯はもう自分の体から解脱《げだつ》して、自分自身ではなくなっています。そのう◯こは、もう誰のものでもないのです。それを、まるで自分の所有物かのように恥ずかしがって隠すのは傲慢《ごうまん》と言わざるを得ません。何我が物顔してるんじゃと。たくさんうんこが並んでいて、「どれが自分のうんこでＳｈｏｗ」が開催されたとしても、どうせ当てられないんですし。

女の子はうん◯をしないのでよくわからないと思いますが、彼氏が◯んこをしだしたらぜひトイレについていってあげてください。そこで、彼氏が傲慢かどうか判断できますからね。

しばゆークイズ　サブver.

（２０１７年12月5日公開／東海オンエアの控え室より）

【女性の皆さん、男子がちん◯んを触るのを許しておくれ】

回答の中に「ちん◯んを触る」というものがありましたが、男は全員程度の違いこそあれ、どこかでちん◯んを触っているんです。今日は皆さんに男性の気持ちをわかってもらいます。最後まで読み、今まで「キモっ」と思っていたあの男子に心の中で謝罪しなさい。

1　チンポジ直し

「チンポジ（ち◯このポジション）を直す」とかよく聞きますよね？　各々《おのおの》自分にとって収まりのいいポジショニングがあって、トイレに行ったり、変な動きをしてポジションがキープできなくなった時に、手を使ってよいしょってやるんです。知ってるかどうかは知りませんが、ちん◯んというのは自力で自由自在に動かすことはできないんです。せいぜいピクッてさせるくらいしかできないので、手を使う必要があるんですね。僕は人並みなのでよくわかりませんが、多分大きい人ほどポジションのズレが気になると思うので、大きいのが好きな人はチンポジ修正頻度の高い男子を狙い撃ちするのも作戦の一つかもしれません。

2

毛巻き込み事件

男子は全員包茎《ほうけい》と思ってください（包茎がわからない人は魚肉ソーセージを想像してください、大事な中身を守るために皮がしっかり守ってるんです、本番になるとそれが剝《む》けるんです）。しかし、お毛毛がソーセージと皮の間に挟まると、強いクワガタに挟まれるレベルの痛みが局部に走ります。これは緊急事態なので、少々手を突っ込んで毛を救出する作業が必要になります。ＪＡＦみたいなもんです。ご理解ください。

3

安らぎ

「急所」という言葉が該当《がいとう》するくらい、男性にとって局部は弱い部分です。そこを手で触る＝守ることによって、安心感を得ているわけです。皆さんも自分の一番弱い部分をカバーしてくれる友人を心強く思うはずですよね？　それと一緒です。

「1、2と違ってそれは絶対に必要とまでは言えねえだろ」と思ったそこのあなた、おっしゃる通りです。でもその男子はいま安心感を必要としているのです。あなたのその母性で、その男子のキンタマを優しく包んであげてください。

女性の皆さん、ご理解いただけたでしょうか。今度は、女性が局部を触る理由を教えてくださいね。ではまた明日。

手作りろ過《か》装置で泥水を美味《おい》しく召し上がってやるぜ！

（2018年1月25日公開／メインチャンネルより）

「ろ過」という言葉、漢字では「濾《ろ》過」と書くんですが、「濾」という漢字が常用漢字表（法令、公用文書、新聞、雑誌、放送など、一般の社会生活において、現代の国語を書き表す場合の漢字使用の目安だそうだ）に入っていないので、平仮名で書くそうです。

「ろ過」の他にも、「埠頭《ふとう》」→「ふ頭」、「尾骶骨《びていこつ》」→「尾てい骨」、「改竄《かいざん》」→「改ざん」などなど、そういう言葉は色々あります。

しかし、常用漢字表は「現代の国語を書き表す場合の漢字使用の目安」なので、未来永劫《えいごう》変わらないものっていうわけではないんですよね。もしも社会がだんだんと若者言葉に染まっていき、「現代の国語」のレベルがだんだんと下がっていった場合、常用かん字表に入るかん字のかずが少しずつへっていく可のうせいがあります。

そして、そのかんきょうでそだったかん字になれていない人がまたじょうようかん字ひょうをせばめ、にほん人はだんだんとかん字をつかわなくなっていく……。

そんなみらいがあるかもしれませんね。

【なぜ嘔吐《おうと》】作り方知らない男達が想像で豆腐作ってみた

（2018年2月22日公開／メインチャンネルより）

豆腐やこんにゃくなど、「いや、よくそんな食べ方見つけたね」という食べ物を最初に作った人は、きっとものすごくひねくれ者だったのでしょう。

特に豆腐なんて他に美味しく大豆《だいず》を食べる方法があるにもかかわらず、めっちゃめんどくさい方法で豆乳を作り、なおかつなんだかよくわからないにがりという液体と混合する、奇妙奇天烈《きみょうきてれつ》な料理ではありませんか。

「そういう人たち、すご～い」それは当たり前のことですし、以前もどこかの概要欄で書いたような気がします。

ただ僕は、その変わり者が「これなんか新しくな～い？　食べてみり～ん」と言って勧めてきたものを食べて、「これはうまい！　えらいぞ！」と言ってあげた奴もそこそこ偉いんじゃないかと思うわけです。

東海オンエアにも同じことが言えます。たまにてつやがマジで理解できないようなネタを提案してきますが、「なにそれ、キモいよ、◯ね」と言うのではなく「お前バカだね、面白いじゃん、◯ね」と言ってあげられるメンバーでありたい、そうしみじみ思いました。これからも一緒に豆腐を作っていこうね。

おっと。これではまるでてつやが天才のようではありませんか。視聴者の皆様に誤解を与えてしまうところでした。普通に過去にも「これなんか新しくな～い？　食べてみり〜ん」「ゴミやん！」というやりとりもあったはずということを覚えておいていただきたい。

その上でこの動画をもう一度見て、やっぱりてつやはただアホなだけだと再認識していただければと思います。

「あいのり」に台本はあるのか論争

（２０１８年3月28日公開／東海オンエアの控え室より）

中学校や高校では、自分と同じ年齢の人がわんさかいますので、それなりに好きな人ができたりしました。今学校に通っている皆さんもきっと好きな人がいることでしょう。もしかしたら好きな人が2人いて迷っている人もいるかもしれません。いいことですね。

しかし、大人になってみるとびっくり仰天です。

人を好きになるのって難しいんです。

僕は少しの間学校で教員として働いていたのですが、まず同じ学校で働いている人の中に同年代は数人しかいません。その中で女性となると、さらにその半分です。つまり、一番長い時間を過ごす仕事場の中に、好きになる可能性がある人が1人いるかどうかレベルです。その人がすごく可愛くて、性格も良くて、なおかつ彼氏がいない可能性となるとさらに下がります。

大人になると、そもそも「人を好きになる」ことが難しいのです。

「人が80年の人生において、親しく会話を持つ人は300人、友人と呼べる人は30人」という説があります。地球には70億人も人間がいるのに、たった300人の中から自分の運命の人を探すというのはなんだか勿体無《もったいな》い気もしますよね。

でも、だからこそ「運命」という言葉でごまかしているのかもしれません。

ちなみに、さっきの説には「親友と呼べる人間は3人」という続きがあります。東海オンエアは親友が少なくとも5人はいるから、もうこれだけで人より得してますね。

おっと、思わずこのままいいことを言い続けそうになっちまったぜ。これからもスケベなことだけを考えて生きていきます。

【悪事発覚】適当にカメラ回したら裁判始まりました

（2018年4月17日公開／東海オンエアの控え室より）

皆さんは、元カノ（元カレ）と仲良くできますか？　それともしませんか？　僕は、この質問への答えはけっこう拮抗《きっこう》するんじゃないかと思っています（けっこう拮抗の響きが気に入った）。

皆さんの中にも、新しいパートナーとこの部分の価値観が合わず面倒くさいことになった人、いるんじゃありませんか？

もちろん、一度は「大好きだ」と思った相手なのですから、おそらく友人としてもきっと良い関係を築けるはずです。しかし、その相手との関係を解消するという決断を下《くだ》したのも自分自身です。

「付き合う」「別れる」という自分の決断を尊重し、今後の自分の行動を律《りっ》することができる人は素敵だと思います。そのような人は、自分の発言や行動に責任を持つことができ、失敗から学ぶことができるはずです。
一方、たとえ恋人という関係においては別れという道を選んだとしても、一人の人間としてその人を再び愛することができる人も素敵だと思います。そのような人は、自分との間にあった諍《いさか》いや衝突と、相手の人間性を分けて考えることができ、多くの人から愛されるはずです。

つまり、結局この世には素敵な人しかいないということです。性善説を唱えた孟子《もうし》は間違っていなかったということですわ。

ちなみに僕は仲良くしない派です。なぜかと言うと今隣に彼女がいて僕を見張っているからです。今「いや、隣に彼女いなくてもしない派だけどね☆」と書けと言われました。これでいいでしょうか。

【natural & beauty】0円で美女になってこい対決！
（2018年5月24日公開／メインチャンネルより）

「○○さんは天然だね～」という表現がありますよね。無理やりこの言葉の意味を文章にしようと思うと、「ドジだけどなんか憎めないような奴」みたいな感じでしょうか。

僕はこの言葉が、すごく都合のいいように使われている気がしてあまり好きではありません。

たとえば、すっごい可愛くて巨乳な女の子がコップの水をこぼしちゃって「はわわ～ごめんなさい～」と謝ってきたときに、「いいよいいよ、○○ちゃんは天然だね(^^)」というやり取りがあったとしましょう（天然の使い方が正しいかどうかはわかりませんが、まぁ僕のイメージではこんな感じということです）。

しかし、無愛想《ぶあいそう》でデブなおっさん店員がお水をこぼして、「はわわ～ごめんなさい～」と謝ってきたとき、あなたは「天然ですね(^^)」と言ってあげられますか？　たぶん(-_-)こういう顔して無視しますよね？　そうですよね？

「なんか憎めない」のは「天然」だからではなく、「可愛くて巨乳」だからなんです。このスケベジジイどもが。

可愛い子にだけ優しくしてる自分をちょっとだけダサいと思っちゃうから、「この子は天然だからしょうがないのだ」と勝手にレッテルを貼り、それを咎《とが》めない自分を正当化しているのです（咎めることが正しいというわけではありませんが）。

バカに見える女も、可愛いというだけでそれを甘やかすバカな男もいていいんじゃないでしょうか。はい。一生乳繰り合ってろって感じですね。はい。

てつやは毛虫が嫌いです

（2018年6月8日公開／東海オンエアの控え室より）

なんで人間は猫を可愛がるのに、虫を気持ち悪がるのでしょうか。水族館でシャコを見て「かっけえ」って言うのに、ゴキブリを見て「無理なんだけど！」と言うのでしょうか。

今日は私、虫眼鏡が「なんで虫はキモいのか論」をいくつか提唱したいと思います。

1　みんながキモいと言うから

僕はあまり好きではないのですが、TVとかでよく女芸人さんとかがブスいじりをされたりしていますよね。多分この世にはその人の顔が好きな人もいるはずなんです。でも、発言力のある人が「ブスだ」と言ったら、周りの人は「あ、この人はブスなんだ」となんとなく思ってしまうわけです。

虫もこれと一緒で、昔誰か偉い奴が「虫キモ〜い」と言ったので「虫はキモいものだ」という認識が生まれてしまったのではないでしょうか。

2

悪い虫がいる

虫はたぶん人間と仲良くしようという気持ちがあまりないので、人間を刺したり、人間の食べ物を無断で食べたり、インターホンを押さずに家に侵入してきたりします。

仲良くする気がない奴と仲良くしようとするのはストレスですよね。だから嫌いなのでは。

3

見た目が人間と違いすぎる

一般的に動物は自分と形状が似ているものに親近感を覚えがちなんだそうなん

ですが、本当ですかね？

猫とかもけっこう人間と形違いますけどね。一応足が4本あるからですかね。

なんなら僕は人間そっくりのロボットとかの方が怖いですけどね。僕は自分で提唱しておいてこの理論はあんまりないなぁと思っています。

4 虫がそれを望んでる

軽い女性は、男に食べられるために色々着飾りますが、虫って食べられたら人生が終わりなんですよ（虫生か）。

虫たちは、プライドを捨てて「こいつキモすぎ食べたくないわ」と思わせてまで生き延びたいのではないでしょうか。


いかがだったでしょうか。皆さんも今度虫を見かけたらまじまじと観察してみて、なんでキモいのか考察してみてください。

僕も猫眼鏡って名前にしようか考察しておきます。

【逃げ隠れすんな】日本全国で「かくれないいんぼ」したら1日で見つかるの？

（2018年6月9日公開／東海オンエア メインチャンネルより）

街中《まちなか》を歩いていると「東海オンエアさんですか」と声をかけられることがあります。自分たちで言うとちょっと天狗《てんぐ》感があって恥ずかしいですが、本当のことなので許してください。

実は、僕たちに声をかけるか迷っている人の小声って、すごくよく聞こえちゃうんですよね。大人数でいるときには「誰が声かける？」とか言って揉《も》めていたりしますし、その中に東海オンエアを知らない人がいる場合は、わざわざYouTubeを開いて「ほら？　本物でしょ？」みたいに確認作業をしている人もいます。中には「プライベートだからダメだよ」と言って、僕たちに声をかけずに去って行く人もいます（ついこの間気づきましたが、プライベートじゃないということは仕事をしているということなので、むしろそのときの方がダメです）。

もちろん、急いでいたり、顔がヒゲモジャだったり、浮気をしていたりと、たまには声をかけないでほしい日もあります。

でも、声かけてくれていいんですよ。

僕たちも視聴者の方に声をかけてもらえるのはシンプルに嬉《うれ》しいんです。

正直、たまには「おいおい今かよ」と思う瞬間もありますが、ある程度は「有名税」みたいな感じで割り切っています。その分、視聴者の皆さんにはいつも動画を観ていただいていますし、たくさんお手紙やプレゼントをもらったり、応援してもらえたり、いい思いもたくさんしています。僕たちも、皆さんに少しだけでもお礼がしたいと思ってますので、ぜひ声をかけてください。

何よりも、皆さんには目の前に声をかけたい人がいるのに、そのチャンスをみすみす逃《のが》してしまう人にはなって欲しくないわけです。忙しそうでも声かけてきてください。僕たちは「ねえねえ君たち東海オンエア知ってるっしょ？　写真撮りたいだら？」なんて言えませんから。

なんか有名人ぶってるみたいですいません。会ってみると意外にただのくたびれたおっさんですよ。こんな奴と写真撮る価値があるか悩んでる相談なら小声でしてもいいです。

てつやにおむつをはかせてみました

（２０１８年６月27日公開／東海オンエアの控え室より）


女性のパンツを見ちゃダメというルール、よくわかりませんね。男のは見るくせに。

そして下着はダメだけど水着は見てもＯＫというルールもよくわかりませんね。

「スカートの下はいてるもーん」とか言って紺色のパンツみたいなもの見せるのはＯＫで、紺色のパンツはＮＧなんですよね。

多分ですけど女性がおむつ見せるのはＯＫで、パンツはやっぱりＮＧですよね。

なんかこの「女性が下着見せるのはダメ」というルール、ガバガバすぎてもしかしたら間違っているという可能性はありませんか？


よく考えてみたらあんな堂々とマネキンに下着着《つ》けて売ってるくらいなんだから、別にあの布切れ自体はエッチなものではないはずです。下着屋さんの前を通過するとき、ちょっとだけどこに視線を向ければいいのか悩む男の身にもなってください。

せっかくかわいいデザインの下着をはいているんだから、もっと見せてくれてもいいんですよ？　女性の皆さん、考えておいてください。

2ヶ月くらい前のフラペチーノがえらいことになっとる
（2018年7月23日公開／東海オンエアの控え室より）

よく「今までの人生で〜番目くらいにキツかったわ」とか言う奴がいますが、そいつに「じゃあトップ5《ファイブ》言ってみて！」と聞いてみてください。たぶんめんどくさそうな顔をすると思います。だって適当に言っただけだもんね。

しかし、僕は確実に人生で一番キツかったと言える思い出があります。言葉にするとなんだかショボいんですが、一人暮らしをしていて、食中毒になったときです。そのときもちょうど今のように暑く、ものが傷みやすい季節でした。しかしその頃の僕は、なぜか自分のお腹が人よりも強いと錯覚していました。親から送られてきたペットボトルの野菜ジュースをラッパ飲みし、冷蔵庫にも入れずそのまま放置していました。

ばかも〜ん！　そいつが犯人だ!!!

次の日くらいに、ゴミの日だから空《あ》けようと思ってそのペットボトルを飲み干したのですが、その夜、お腹の激痛と尋常ではない発汗、死んだ方がマシなくらいの吐き気に襲われました。

僕はそのとき、ロフトの上で寝ていたのですが、とても階段で降りられるわけがないと悟りました。ロフトの上から布団を落とし、そこにダイブして下に降りました。飛び降りた痛みなんて全く気になりませんでした。

便器の前にしゃがみこみ、水を飲んでは吐き、飲んでは吐きを繰り返し、「これはマジで救急車を呼ぼう」と思いましたが、近くに携帯がなく断念。そのまま気を失ったっぽいです。

気がつくと、便器に顔を突っ込んだまま朝（というかお昼）でした。部屋中がゲロだらけでした。

というエピソードです。皆さんもペットボトルをラッパ飲みしたら、そのまま飲みきるようにしましょうね。

【恒例行事】う●こ流さなかったのは誰だ

（２０１８年9月14日公開／東海オンエアの控え室より）

う○こなんて伏せ字にしていますが、実はこれ……うんこなんです‼

「えっ！　うんこなの！　サイテー‼」なんて思う人はいませんよね？

そう、人間はなぜか伏せ字を読み取ることができるのです‼　これは地味にすごい能力だと思いませんか。


虫眼鏡も概要欄の本を出版するときに、出版社の方が「校閲」という作業を行ってくれたのですが（誤字脱字とか漢字の間違がいとか事実関係の確認とか色々チェックする作業のこと）、校閲をしている人の中には本を逆さまに読む人もいるんだそうです。なぜかというと、ちょとくらい文字が間違ていても、脳が勝手に正しい分に修正してしまって、間違いに気づかないからかなんだそうです。

ということは、僕が概要欄で少々誤字をしたところで、皆さんは意味がわかからなくなってしまうなんてことはないいんですよ。もし僕がここで誤字をしていたからといって、いちいち指摘しなくてもいいんです。だって人間にはこんな優れた能力があるのですから。

【俺らは大人】小学生の算数のテストなんて100点取れなきゃおかしいでしょ！

（２０１８年9月22日公開／東海オンエア　メインチャンネルより）

この動画の中でキーワードになっている（もはやなっていない）「特別なことはできなくてもいいけど、当たり前のことだけは当たり前にやれ」的な言葉は、大学時代働いていたバイト先の店長に言われた言葉です。

その店長のことはあまり尊敬もしていませんし、仲も良くありませんでしたが、なぜか僕のことを理解してくれる（別に嬉しくはなかったので「理解してきやがる」が正しいかもしれない）ので、彼に言われた言葉は結構今でも覚えています。よくよく考えてみれば別に大した言葉ではないんですけどね。

多分この言葉も「人から優秀だと見られたい！」という僕の性格を見抜いて、皮肉のように言ってきた言葉だったような気がするので、素敵な言葉だなぁなんて全く思わないのですが、それでもけっこう僕の中ではいつも行動の指針となってきました。

憧れの人だとか親友だとか恋人じゃなくても、そういう出会いってあるんですね。

ちなみにその店長に言われて一番ショックだったのは、「お前は自分をバカだと見せたがる真面目な奴だ」という言葉です。ＹｏｕＴｕｂｅｒに向いてなさすぎませんか。

神対応ってもしかしたらハードル低くね？　もっとすごい対応あるっしょ！

（２０１８年10月６日公開／東海オンエア　メインチャンネルより）

たとえば、「すごくおいしい」という言葉の「すごく」という部分だけを言い換えてみるだけで、「めっちゃおいしい」「たいそうおいしい」「ものごっつおいしい」「すこぶるおいしい」「たいへんおいしい」「どちゃくそおいしい」「非常においしい」「まことにおいしい」「きわめておいしい」など、すごくたくさんの飾り言葉があります。

このように文法的に正しい飾り言葉だけでなく（あまり正しくなかったものもあったけど）、「超おいしい」「スーパーおいしい」「世界一おいしい」「やたらめったらおいしい」「ヤバおいしい」など、国語的に正しいのか正しくないのかわからないような飾り言葉でも意味が通じてしまうのが、日本語の柔軟なところだと思います。これはヤバすごいことです。

なんなら飾り言葉に名詞を使うという荒業《あらわざ》もイケますよね。今日の動画のタイトルでも使っている「神」という文字を使って「神おいしい」と表現してもいいですし、「鬼おいしい」「ゲロおいしい」「地獄おいしい」なんてのもなんとなく意味を察せます。若者言葉ゲロすご。

というか、もはや形容詞なくてもＯＫ！　プリンを一口食べて、「鬼」と言った人を見て、鬼がプリンになっちゃったのかな～なんて思う人はいませんし、「ヤバタクスゼイアン」と言った人を見て、あ、ヤバタクスゼイアンなのかな～と思う人もいません。パンドラの箱も開けません。

このように、日本語は非常に柔軟な言語です。ルールなんてあってないようなものなんです。自由に使えばいいのです。

ただ僕は、こんなくちゃくちゃな日本語を聞いて、ひとつだけ気になったことがあります。

「鬼」‼　めっちゃ日本語感ある‼

結局我々の根っこには日本人の血が流れているということです。めでたしめでたし。

スターの服正直いらないのでオークションにかけます

（2018年10月6日公開／東海オンエアの控え室より）

よくマンガとか映画で見る、「大富豪しか入れないオークション」みたいなのって本当に開催されているのでしょうか？

赤い幕が張られたステージの上に、タキシードを着た司会者がいて、ハンマーみたいなコンコンってするやつを振り回しているアレです。マフィアっぽい人から大企業の社長、超有名芸能人などとんでもない大金持ちが一同に集《つど》うアレです。ヒロインっぽい人（巨乳）が奴隷として捕まえられて、スケベそうな人に落札されそうになるアレです。

もし本当に開催されているんだったら、どんなものが出品されているのかくらいは見てみたいものです。本当に巨乳は出品されているのか。

しかし、僕はそんなものの実際はないだろうと思います。

だってそんな大金持ちのスケジュールを押さえるの大変そうですもん。はじめしゃちょーですらなかなかスケジュール合わなくて遊べないのに、リアル大企業のリアルしゃちょーがみんな一斉に「今日は闇オークションがあるので半休しま〜す」なんてできない気がします。

もしも参加したことがある人はどんな感じだったかこっそり教えてくださいね。

しばゆーの携帯が冷凍されていました

（2018年10月22日公開／東海オンエアの控え室より）

冷凍した食べ物が腐らないのは、マイナス18度くらいが菌の生きられる限界温度だからららしいですね。適切に温度を保てば、理論上10年前のものでも食べられないことはないいんだとか。

その仕組みを利用して、死んだ人を冷凍保存し、いつの日にか発展した科学でそいつを蘇らせようとしている計画があるとTV番組で観ました。それだけその人との別れが辛かったんでしょうね。

ふと、僕たちもメンバーの誰かが死んだら冷凍保存しよっかな、人間が永遠に生きられる世界になってから東海オンエア大復活をしようかなと思ったのですが、そのレベルに科学が発展するのって、多分とんでもなく先ですよね（仮にそんな未来が来るとしても）？

そのとき、僕たちの子孫は「え？　マジでこのチビ誰？」と思いながら、凍った僕を最先端技術で蘇らせようとするということですよね？　なんかそれってかわいそうじゃないですか？

僕の家に、先祖代々伝わる冷凍死体が仮にあったとしたら、僕は気味が悪くて普通に溶かして捨てちゃう気がします。これは罪になるのかな？

人生は終わりがあるから楽しいんですよね。もし永遠に生きられるようになっても、僕はそれにあまり魅力を感じません。

メンバーの皆さん。僕が死んだら悲しすぎちゃうのはわかりますが、冷凍保存なんてせずに、そのまま葬《ほうむ》ってください。なんならバラバラにして一人ずつ好きなところ持って帰っていいからさ……。

トイレのスリッパをリビングに履いてきた奴がいるのでとしみつにキレてもらいました

（2018年12月4日公開／東海オンエアの控え室より）

皆さん、部屋でスリッパ履きますか？
僕はスリッパを履いた時のきっちりしていない感じがとても気持ち悪く、どちらかというと履かない派です。トイレのは履くけどね。

履く派の皆さんにお聞きしたいんですが、なんでスリッパを履くのですか？「床は汚いじゃん」という理由しかないのであれば、僕は皆さんを論破する自信がありま す。

まず、床には基本的に汚れが染み込みません。汚れを直接靴下で踏んじまうというデメリットもあるんですが、その一方で掃除をすれば元どおり綺麗になるというメリットもあります。汚れてしまった靴下も、洗濯をすれば綺麗になります。というか、そもそも靴下は汚れるものではないでしょうか。

一方スリッパですが、床や靴下と同じくらいの頻度で洗っていますか？素材にもよりますが、ほとんどの素材は汗やらなんやらの汚れが染み込みますよね？　「靴下が汚れるのが嫌」って言っているあなた、スリッパ履いてる方が不衛生じゃないですか？

加えて、床は均一に汚れるのに対し、スリッパは集中的に汚れます。仮にてつやの足が腐っていて臭《くさ》すぎるとしましょう（仮じゃないかもしれん）。さぁ、てつやが10歩歩きました。床はランダムに1クサイが10ヵ所ですね。一方、てつやがスリッパを履いていたとしましょう。てつやの履いたスリッパの中だけが10クサイになりますね。

その部屋を、スリッパを履いていない僕が10歩歩いたとします。僕の足裏が獲得してしまうクサイポイントは、だいたい2～3クサイくらいじゃないでしょうか。

一方、てつやの履いていたスリッパを履いてしまった人はどうでしょうか。10クサイを10回踏むので、１００クサイです。これはザリガニも死ぬレベルの臭さです。もちろん、必ずしもてつやが履いたスリッパが使われるとは限りませんが、複数足《そく》あるスリッパを使う確率が同様に確からしい場合、期待値的に考えるとスリッパが33から50足くらいないと、スリッパを履くことの優位性を証明できません。

さらに！　たとえば床に小さめの岩塩が落ちていたとしましょう。素足でその岩塩を踏んでしまった場合、「痛《いて》え！　誰だよ、ここで肉の下ごしらえした奴は！」と怒り、その岩塩を拾うことができます。

スリッパを履いている人は、自分が岩塩を踏んだことに気づきません。なんなら岩塩がスリッパの裏に食い込み、ちょっとしたスパイクみたいになっちゃってます。そのスリッパで部屋中を歩き回るのですから、フローリングはたまったものじゃありません。自分が1回痛い思いをするくらいなら、フローリングを傷だらけにした方がいいという考えの持ち主なんですよ！　スリッパ派の人間は‼

最も簡単に論破しようと思えば、スリッパを履いてる奴の靴下の臭《にお》いを嗅げばいいのです。おそらく普通に臭《くさ》いでしょう。

「いや、だって靴下汚れるの嫌やん」「でもお前の靴下臭《くさ》いよ。どのみち汚いよ」で終わり。

手術3日前に体が異様に臭い男
（2018年12月6日公開／東海オンエアの控え室より）

「近所に露出をする変質者がいるから注意してね」という先生からの注意を聞いて「どうやって気をつけるの？」と思っていた虫眼鏡です。

当時は「ちん〇ん見せられて何が怖いの？」と思っていましたが、今この年になって想像してみると、めちゃくちゃ怖いですね。僕は意外なことにおっぱいが大好きなんですが、たとえおっぱいであっても知らない人に急に見せつけられたらめちゃくちゃ怖いと思います。

つまり、急にえっちなものを見せられると人は恐怖を感じるってことですね。ということで、日本には「公然わいせつ罪」という罪があるのですが（今間違えないように調べてみたら太ももを卑猥《ひわい》に露出することも軽犯罪法違反になる可能性があるらしいです。いいやんけ別に）、どこからが「公然」なのでしょうか。

僕はよくお風呂から出たあと、全裸でしばらく体を冷ます習性があるということで有名なのですが、もしそのときにカーテンが開いていて、偶然そこを通った女子中学生にそれを見られてしまった場合、僕は有罪なのでしょうか。自分の家の中で裸でいるだけだし、誰かに見せつけようと思ってもいないのに罪なのでしょうか。じゃあレースのカーテンだけ閉まっていて、ちょっとだけちん○んが見えているのはセーフなのでしょうか。もしこの状況の男女が逆の場合、見た男の方が悪いような印象を持ってしまいますけど……。

他にも、「自分の私有地のめっちゃ広い山の中ならフルチンでもいいのか」「外にえっちな下着を干すのはわいせつ物陳列罪にあたらないのか」「人によってはえっちだなぁと感じるような部位（デコルテとかうなじとか）の大きな写真を掲げて歩いても罪ではないのか」などなど、わいせつという曖昧《あいまい》な基準のせいで知りたいことがたくさんあります。僕は全く興味ありませんが、この概要欄を読んでいる人が気になるかもしれないので、法学部の学生さん、ぜひ教えてください。

【疑似体験】東海オンエアとピザパーティーができる動画　2018ver.
（2018年12月21日公開／東海オンエアの控え室より）


パといえば、「ピザパ」「たこパ」「鍋パ」が三銃士ですね。一見2文字に「パ」をつければなんでもパになるような気がしてしまいがちですが、実はそうではありません。

「たこパ」でたこを捌《さば》いて食ったことがありますか？　あれ本当は「たこ焼きパ」ですよね？　だからパにおいて、接頭語を短縮することは別に罪ではないのですよ。「餃子《ギョーザ》パ」だったら「ギョパ」にしていいですし、「コンビーフパ」だったら「コンパ」、「パパイヤパ」だったら「パパパ」にしていいのです。

そう、パにおいて重要なのは語呂ではなく、「机の上にバーンって置いてあってみんなで食べられる」という点です。そこを重視すると、自然に他のパが見えてきます。

たとえば「チーパ」。これは言わずもがな、「チーズフォンデュパ」のことです。チーズフォンデュはその性質上、嫌でもパっぽくなってしまいます。亜種に「チョパ」もあります。

「マグパ」もいいですね。誰かじゃんけんで負けた奴がマグロ競り落としてきて、机の上に寝かせて、みんなで好きなとこ捌きながら食べるとか。そこで「俺背骨ピーってやるのうまいやんね」と言える男は評価上がります。


しかし、パにも弱点はあります。

「片付けがめんどくさい」のです。

たったひとつのパを除いてね……!!

そう、数多《あまた》あるパの王者、「King of パ」といえば、それはピザパなのです。みんなも年末年始、パをするときがあったらピを頼んでみてはいかがでしょう。せっかくなら東海オンエアに案件をお願いしてくれたドにお願いしましょう。

1週間喫煙罰ゲームのタバコを選ぶ動画
（2019年1月30日公開／東海オンエアの控え室より）

※喫煙は、あなたにとって肺がんの原因の一つとなります。

妊娠中の喫煙は、胎児の発育障害や早産の原因の一つとなります。
※焼き肉屋での動画撮影は、排煙機器の騒音が視聴者の苛立《いらだ》ちの原因の一つとなります。
食事中の撮影は、動画のテンポの悪化の原因の一つとなります。

わかりますよ皆さん。(´･д･`)みたいな顔して低評価ボタンを押そうとしているんでしょう!!!

その低評価、少し待ってください。

まぁね、「タバコは体に害だ」というのは事実ですし、吸わない方がいいぞっていう認識を持っているのも素晴らしいことなんですが、僕は26歳として皆さんに2つのアドバイスをしたいのです（26歳以上の方は低評価ボタン押してもいいです）。
1つ目は、「何事も体験すること」。もっといい感じに言い換えれば、「最初からダメと決めつけずにチャレンジすること」。さすがにこれは大事なことだと思うのです。
皆さんの人生は長くても85年です。その85年の間に、この世にある全てのことを体験できると思いますか？　無理なんですよ。人生に余った時間なんてないんです。無限に問題が続くテストみたいなもんです。どんなことでも人生のうちで1回くらいは経験しておいた方がいいのではないでしょうか。そして、「これはもう二度とやらんでいいわ」と思ったら、二度とやらんでいいです。そのほうが、「そんなんやらんでいいわ」の説得力が増しますから。

まぁ「わざわざ悪いことをする必要はないだろ」というのも一理ありますけどね。

2つ目は、「多数派だからといって少数派が間違っていると決めつけるのは良くないよ」ということです。メイン動画に「負けたら禁煙するのはいいけど負けたら喫煙はないわ」というコメントがありまして、そんなルール設定にしたらそれは禁煙側の自己中だってなっちゃうのになって思いましたね（まぁ視聴者さんからしたらそういう映像は観たくねぇわっていう意味だと思いますけどね）。

ベジタリアンの人は、肉を食べないじゃないですか。だからといって、肉を食べる人は「肉食べないの？　頭おかしスギィ！」とも言いませんし、ベジタリアンの方も、「肉食べるなんて野蛮！　スケコマシ！」と言わないじゃないですか。お互いがお互いの考えを共有できていなくとも、それを尊重できているからだと思いますね。

「ベジタリアンは人に迷惑かけへんやん！　タバコの副流煙はどうのこうの！」とおっしゃる方は、論点がずれています。人に迷惑をかけずにタバコを嗜《たしな》む人はたくさんいます。その理論は人に迷惑をかけながら吸っている人にしか通用しません。

なんかこんなに長々と書いたせいで、低評価を押させないために必死になっている人みたいになっちゃった。別に押していいよ。

あと、めっちゃタバコ肯定派みたいになっちゃった。1週間吸ってみたけど、やっぱり普通にハマりませんでした。てかインフルになってろくに吸えませんでした。もしもインフルがタバコのせいだったらこの概要欄を全て消して、てつやとゆめまるとしばゆーのタバコのフィルターの部分に一本一本デスソースを染み込ませてやります。

友達の描いた風景画だけを頼りに目的地へたどり着け！

（2019年2月6日公開／東海オンエア メインチャンネルより）

写生大会の日に、「今日は射精大会か～昨日もおといも抜いてないから俺優勝候補だな～」とか言う奴、だいたい野球部。どうも、虫眼鏡です。

学生時代、「苦手な教科は？」と聞かれることがしばしばありました。そのとき、僕は「美術」と答えることにしていました。

別に美術自体は嫌いではなかったのですが、なぜか通知表で5がとれなかったからです。９教科の内申点で42をとったときも、美術だけ3をつけてくれやがりました。テストもよかったのに。

単純に僕が美術教師のじいさんにナメた態度をとっていたことが原因かもしれませんが、当時の僕は「なんかプロにしかわからない致命的な欠陥があるのだろう、僕は絵を描くことと習字はもう捨てよう」と怯《おび》えていました（僕はなぜか習字がめちゃめちゃ下手《へた》です）。

しかし、なぜかYouTuberになって色んなものを作ったり、色んなものの絵を描いたりするうちに、やっぱり美術嫌いじゃないなと気づきました（上手《じょうず》かどうかはさておき）。もっとちゃんと勉強しておけばよかったです。

というかＹｏｕＴｕｂｅｒに限らず、「大人になってから実は役立つ教科ランキング」では、多分国語に次いで2位にランクインするのではないでしょうか。僕も絵が描きたいのに描けなくて何度悔しい思いをしたことか。りょうくんがうらやましいです。

絵が描ければ、大喜利で困ったときの突破口ができるし、専門的な映像編集を学ぶとっかかりにもなります。かわいい女の子のあられもない姿を自分で描いて満足することもできます。

つまらんダジャレを飛ばしてる野球部の諸君も、資料集でおっぱいが出てる絵画を探す暇があったら、少しは真面目に絵の描き方を学んだらどうだね‼

この詩、プロが書いた？　それともしばゆーが書いた？

（２０１９年2月13日公開／東海オンエア　メインチャンネルより）

「うわぁ、この絵すっげえや。まるで絵の中に引き込まれるようで、時間を忘れて眺めていられるや。これを描いたの誰なんだろう」↓「へぇ、ダリが描いたんだ。やっぱり有名なだけあるな、人を惹《ひ》きつけるオーラがあるよ」

　これはわかります。

「へぇ、この絵ダリが描いたんだ。そういやなんか名前聞いたことあるな」↓「そういやこの絵なんかすごいわ。時計がぐにゃぐにゃになってるとことか発想がすげえわ」

　これはダサいです。

「うわぁ、これめっちゃいいやん。誰が描いたんだろう」↓「誰やねんこれ。やっぱこれしょぼいわ」

　これもダサいです。

「誰」によって対応が変わる人が苦手です。

　めちゃくちゃかっこいい俳優さんがダサい服装をしていたら、それはやっぱりダサいし、無名のチャラチャラした高校生ＹｏｕＴｕｂｅｒがめちゃめちゃ面白い動画を作っていたら、それは面白いんです。

でも人間誰しも、権威あるものや人気のあるもの、自分の好きなものに流されてしまうんです。

僕もとしみつの服装がかっこいいなと思ったとき、「その服いいやん。どこの?」ではなく「その服どこの?」「へぇ、いいやん」と言っているような気がします。

この動画を編集していて、なんとなくそう思いました。そして反省しました。

すげえ有名な詩人が書いた詩であっても、「意味わかんねぇな」と思ったら少なくとも僕にとっては価値がないわけです。

しばゆーが書いた詩であっても、「これは考えさせられるなぁ」と感じたなら、それは僕にとってさっきの詩人の書いた詩よりも価値があるのです。

ただ残念なのは、しばゆーの書いた詩は僕にとって価値がなかったし、詩人の書いた詩はやっぱり何か心をくすぐるものがありました。

つまり、やっぱりすごい人はすごいってことです。

この概要欄なんか中身ないね。

これも詩ってことにしていい？

【挑戦】一晩中努力したら1つくらい「すべらない話」ができるのでは？

（2019年2月27日公開／東海オンエア メインチャンネルより）

今回の動画は、ご本家に倣《なら》って音楽やテロップなどの余計な情報を排除してみました。なのでいつもより編集が楽そうに見えるかもしれませんね。

……と僕も思っていたのですが、意外に手こずりました。もともと東海オンエアはそんなにトーク力がある方ではないので、なんとか様になるよう絶妙なカットを施す必要があるのです。違和感のないように話の一部分を割愛したり、前後を入れ替えたりなどの作業は困難を極めました。そして、だんだん自分が何をしているのかわからなくなり、「話がおもしろい」とはいったいどういうことなのかを考え始めるようになりました。編集が終わったのは午前7時。終わって松屋に行って牛丼食ってサムネ作って寝ました。

皆さんも自分のしゃべってる動画を編集すると、相当トーク力が上がると思います。上手くなるというより、何をやっちゃいけないのかに気付けるという意味で。

で、結局「話がおもしろいってなにかなー」って思って、色々考えたんですけど、「小ネタの入れ方」とか「オチを最後まで察《さっ》させないテクニック」とかかなーって思って、でもそれよりももっと大事なことがあるなーって思って、というかもはやそれが究極にして正解だなってなったんですけど、「話してることが聞き手にとって気になるか」だなーって思って、結局普通の人がしたことないような経験って気になるよなーってなって、で、じゃあやっぱり積極的に珍しい経験をするほうがいいってことか？って思って、やっぱり色んな経験積んだ方がおもしろい人間になれるなってなって、バーのマスターとかもだいたい変な人生送ってるし、だから話が上手いんだなって思って、色々チャレンジしたほうがいいなってなったんですよ。

→こういう話し方がダメ

てつやだけだとかわいそう！もう一人スマホケースを変更しよう！

（2019年3月4日公開／東海オンエアの控え室より）

東海オンエアに罰ゲーム充実期が来ています。シルバーカーを引いていたり、Twitterの名前がジジイババアになっていたり、iPhoneケースがゆめまるのおばあちゃんになっていたり、みんな何かしらの罰ゲームを抱えています。僕もなぜかiPhoneケースがスルメイカの入れ物になっていますし、左手はフック船長になっています。

東海オンエアを毎日観てくれている人は、スルメイカを抱えた僕を見たときに「虫さんはホントにiPhoneケーススルメイカにしてるんだ！」とわかってくれると思います。しかし、たま〜にしか東海オンエアを観ない人は「あれ、東海オンエアの人だ。なんかスルメイカ持ってる。くっさ。迷惑だなぁ」って思うかもしれませんよね。これはもはや僕が東海オンエアへのネガキャンをしてるも同然です。

なので、なるべく人に見つからないようにした方がいいのですが、なぜか「俺はちゃんと罰ゲームしてるぞ」とアピールしたい気持ちが出てしまい、無駄に外出をしてしまいます。こういうのが僕の内に秘めた目立ちたがり屋さんスピリットなんでしょうね。

メンバーの1人が電柱になっていたらとし・しばはなんて反応する？

（2019年3月11日公開／東海オンエアの控え室より）

今日ついにフック船長・スルメスマホケースから解放された虫眼鏡です。とりあえずキャッチボールがしたすぎます。

僕の左手は先週1週間、基本的にはフック船長のフックだったのですが、時々「これはさすがにフックだとキツい」という瞬間がありました。ルール上、マジで困る時は外していいことになっているので、ちょくちょく僕もフックを外す瞬間がありました。

皆さんがフック船長になるときの参考になるよう、この概要欄に覚え書きをしておきましょう。

【フック船長がおフック上げになる瞬間】

◉編集

これればかりは仕方ありません。キーボードの誤タッチのせいで、編集にかかる時間が4倍になってしまいます。動画によって生まれた罰ゲームが動画作りの首を絞めてしまうのは本末転倒なので、ここは潔く外しましょう。

◉トイレ

小便器でちんちんを出す、うんちしたあとにお尻を拭くといった動作は片手だと精度がかなり落ちます。落ち着いて取り組めば大惨事にはならないのですが、急いでいる時は要注意です。

◉財布からお金を出す

財布から小銭を出すのにはどうしても両手が必要です。「5円玉と50円玉ならフックでも取れるね！」とぬかす輩《やから》がいましたが、フックの最小半径が硬貨の半径より大きかったので、そんな楽しいことはできませんでした。何より店員さんをそんなことで待たせてはいけないというプレッシャーがすごいです。

◉鼻くそをほじるとき

鼻くそをほじる動作は意外に繊細です。強さを間違えると、逆に鼻くそを押し込んでしまう&鼻めっちゃ痛い事件に発展してしまう可能性があります。ここは素直に右手を使いましょう。

逆に言えばこれ以外はなんとかなるということです。皆さんも良き船長ライフを。

ゴミ箱シュートもうちょっとだけやりたいな
（2019年4月23日公開／東海オンエアの控え室より）

なんと連日の運動企画がサブチャンネルに上がってしまいました。このままだと東海オンエアが「さわやか6人組スポーツ集団」と思われる可能性があります。それはいけません。うんこうんこ。

しかし、もし東海オンエアがスポーツに目覚め、「スポーツチームを作ろう」となった場合、なんのスポーツにするんでしょうね。としみつが得意な野球や、りょうが好きなサッカーなんかは人数が足りません。うんこうんこ。

人数的にはバレーやバスケ、フットサルなんかがちょうど良さそうですが、いかんせん経験者がいません。誰がリーダーシップを取るのかという話になると、ちょっと厳しいものがありますね。普通に弱そうですし。

元陸上部が3人もいるので、駅伝とかでしょうか。しかし、もし「駅伝チームを作るよ」と言われたら、僕としばゆーは結託してストライキを起こします。うんこしてやります。

結局現実的なのはゴルフとかテニスですね。普通のおじさんと一緒やん。

虫眼鏡の闇の部分、話すわ ～税金の話～

（『平成ノスタルジー編』初出）

「好感度は課金してでも買え」という言葉があります。今僕が考えました。
好感度の低い人は正当に評価されないのです。

例えば虫眼鏡が女性関係で揉《も》めに揉め、3股をして大炎上したとしましょう。そうすると、虫眼鏡がYouTubeに超面白い動画をアップしたとしても、その動画のコメント欄には「糞《くそ》眼鏡」「生理的に無理」「よく見るとかっこいい」といったような罵詈雑言《ばりぞうごん》が並んでしまいます。つまり、作り手である虫眼鏡自体が否定され、もはや正当に動画の評価をしてもらえなくなってしまうわけです。こうなるといかに虫眼鏡が優秀だとしても、YouTuberとして成功することは難しくなってしまいます。

現に、ちょっとしたやらかしからいわゆる〝炎上〟をしてしまい、【低評価の嵐】【「謝罪しろ」のオンパレード】、そして【活動休止】の華麗な3連単を決めるYouTuberは決して少なくありません。しかし、彼らの犯した過ちは往々にして「そんなの別にいいやん」っていうレベルのものだったりします。もし彼らがただのサラリーマンであったならば、他人からその過ちについてわざわざ咎《とが》められることもないでしょう。「次から気をつけよ〜っぴ」と心の中でつぶやいておしまいです。ＹｏｕＴｕｂｅｒだからこそ、普通の人よりも高いモラルを持って生活しなくてはいけないのです。

もちろん、この言葉はＹｏｕＴｕｂｅｒにだけ当てはまるというわけではありません。いわゆる〝人気商売〟を生業《なりわい》にしている人間にとって、好感度の高い低いは死活問題なのではないでしょうか。もし自分が誰かにお仕事をお願いするとしたら、誰しもが好感度の高い人間に頼みたいと思うはずですから。好感度とお給料は直結しているとも言えるのです。

言わなくてもわかると思いますが、〝人気商売〟をしている人間だって聖人君子ではありません。運転してるとき、前の車に「遅《おせ》えなぁ、〇ねや」って言いますし、ＳＮＳでダルい絡み方をしてくる人間をサタンの名において呪ったりもします。ただ、そういった闇の部分をきっちりと隠し、「人に見られてもいいキレイな自分」をうまく作り出す能力が、〝人気商売〟をしている人間にとっての必須スキルなのです。全ての人間が無意識のうちに行《おこな》っていることかもしれませんが、〝人気商売〟をしている人間は「他の人よりもさらにキレイな自分」を生み出さなければならないのです。ときどき少し窮屈に感じることもあるんですが、それがいわゆる「有名税」ってやつなのかもしれませんね。

とはいうものの、あまり溜め込みすぎるのもよくありません。

表の自分を良く見せたい！　という気持ちがあまりに強すぎると、闇のパワーが体内で収束し、ＤＶマスターになってしまうからです。ＤＶマスターは逮捕されがちです。

溜め込みすぎず、許される範囲でこまめに自分の闇を外に出していくことが、心身ともに健康的な生活を送る上で大事なんだと僕は思います。最近観たとある動画の中でも、ナース姿のかわいい女性が、両手を怪我《けが》してしまった男の患者さんの下半身を撫《な》でながら、「こ～んなにたくさん溜めて。苦しいでしょ？」って言ってました！やっぱりちょくちょく出した方がいいってことだと思います！

ということで、前置きが長くなりましたが、ここからは虫眼鏡が「本当は言いたいけど好感度を気にして我慢していること」を射精、もとい自省の意味を込めつつ書き連ねていきたいと思います。つまり裏・虫眼鏡が、普段なかなか言えない愚痴《ぐち》を文章にしちゃうよってことです。でもだからといって、この文章をコピーしてSNSで「虫眼鏡がこんなこと言ってたよ～！　最低な男～！　でもよく見るとかっこいいけど～」とか言うのはやめてください。「お前の愚痴なんて聞きたくないわ」と感じる方は、無理にこの先を読み進めなくてもいいです。４行以内にどこかに行ってください。

最近マジでワキガかもしれないって悩んでるんですよね～　お風呂でしっかり洗ってもお風呂上がりにほんのり臭《くさ》いんですよね～　まだ病的なレベルではなさそうだけどね～　ワキ毛を剃《そ》ったら少しは改善するのかなぁ～　でもワキ毛のない男の人ってちょっと「なんで？」ってなるよね～

さて、いなくなったな？　ここには僕の闇部分を見ても引いたりしない奴らしかおらんな？

始めるぞ？

僕は銀行口座を2つ持っています。1つは東海オンエアの活動から得た巨万の富を蓄えている口座。もう1つの口座は、毎月実際に生活で使うちょっとしたお金を巨万口座から移動させるための口座です（ちなみに巨万口座というのは冗談です。そんなみんな本気にするなってば。80兆円くらいしかないってば）。

基本的には巨万口座じゃない方の口座しか使わないので、巨万口座に今いくら入っているのかというのは曖昧《あいまい》だったりします。もちろん出入金の記録はしっかり管理していますけどね。

つい先日、僕はなんの気なしに「そういえば巨万口座って今いくらくらい入ってるんだったっけ」と思い、口座を照会してみました（金額の話をすると生々しいので、今僕が作り出した通貨【メガネ】を用いたいと思います。1メガネが何円なのかは皆さんのご想像にお任せします）。

今までの預金と最近の給料をなんとなく計算してみると、1億メガネくらいは入っているんじゃないかと予想できたんですね。そんな気持ちでスマホの画面を見てみると、あらびっくり。6000万メガネくらいしか入っていないんですね。

「まぁあんまり頻繁にチェックしてたわけじゃないからね、こんなもんだったっけ

〜」っていうレベルの減り方じゃないんですよ。（メガネ界で）家買ったの？　ってレベルの減り方してるんですわ。

さすがにちょっと怖くなりますよね。僕は知らず知らずのうちにとんでもない額のお金をどこかで使ってしまっていたのか。もしくは僕の知り合いや事務所の人間の中に犯罪者がいるんじゃないか。これはわからないままにしておいてはいけないと思い、僕の経理をお任せしている方にどうなってんじゃと連絡しました（僕の所属している事務所ではそういうことを全部やってくれる人がいるのです。ちなみに美人）。さすがに美人なだけのことはあり、すぐに返事が返ってきました。

「窓口納付した分が地方税、もうひとつ引き落とされているものが国税になります！」

税金でした。ぜいきん。ＺＥＩＫＩＮ。

日本円でいくらだよ〜んと言えないのが非常にもどかしいですが、ちょっと引くレベルの金額を一瞬にして納税していたらしいです。今まで貯めに貯めた貯金の40％くらいが忽然《こつぜん》と消えていました。誰かから「払ってくれてありがとう」と言われるわけでもなく、僕が稼《かせ》いだ4000万メガネは僕のものではなくなりました。今までありがとう。

　僕の4000万メガネ紛失事件はこうして幕を閉じました。誰も悪い人はいなかったし、無駄になったお金もなかったのです。虫眼鏡は正当なルールに則《のっと》り、納税の義務を果たしただけでした。めでたしめでたし。


　そんなわけあるかぁ!!　納得できん!!!


　はい、みなさんはこう言いたいんでしょう。

「いや、それ国民の義務だから。全員同じだから」

　それはわかっています。今さら失われた4000万メガネを取り返そうとも思っていません。僕よりもたくさんのメガネを納めている人がいることもわかっています。

ただ、この「税金」というシステムに一言言ってやらないと気が済まないのです。

　そもそも、税金とはなんでしょう。Chrome《クローム》に「税金とは」と打ち込んでみたところ、にっくき財務省のウェブサイトが出てきました。そこにはこうあります。

「税金とは、年金・医療などの社会保障・福祉や、水道、道路などの社会資本整備、教育、警察、防衛といった公的サービスを運営するための費用を賄うものです。みんなが互いに支え合い、共によりよい社会を作っていくため、この費用を広く公平に分かち合うことが必要です」（引用です）

なるほどね。日本国民全員が使うであろう公的サービスを、国が運営するためのシステムなんだね。確かに、自分1人の資金でこれらのサービスを個人的に運営することはできないからなぁ。国に運営をお願いする代わりに、そのための費用を国民全員が公平に負担すべきなんだね。

……どこがァ!!?　どこが公平なの？　みんな4000万メガネ払ってるの？

僕が他の人よりめっちゃ水道水飲んだりめっちゃ道路壊したりめっちゃ警察のお世話になるならまだわかるよ？　でもそんなことないよ？　むしろ水はAmazon《アマゾン》でペットボトル買って飲んでるよ？　なんで他の人と同じだけ使うのに、他の人よりもたくさん税金を払わなきゃいけないの？

そこで出てくるのが「累進課税」というシステムです。シンプルなようでいて、よく考えてみるととても凶悪なシステムです。皆さんも社会の授業で習ったと思いますが、すごく簡単に言うと「たくさん稼いでいる人ほど高い税率をかけるよ」というシステムです。お給料をどれだけもらっているのかによって、5％から45％の間で税率が段階的に上がっていくのです。

いや、意味わからなくないですか？　45％って。ほぼ半分ですよ。だったらもう2日に1日しか働きませんよ。絶対その方がいいじゃないですか。そもそも、みんなが同じだけ使うもので、その「費用を広く公平に分かち合う」なら、全員同じ額を負担するのが当然ではないでしょうか。レストランで同じ「ハンバーグ＆チキン南蛮セット」を食べたのに、「あなたは貧乏ですね、じゃあ５８０円でいいです」「あなたは稼いでますね、３５００円です」とはならないですよね？「金持ちはたくさん払え」という考えが独特すぎて、なかなか腑《ふ》に落ちません。

それに対し、「お金持ちの1万円と貧乏人の1万円は価値が違うじゃろがい」と言われる方がいるかもしれません。思わず、「いや、貧乏なのはその人がいけないんじゃないの……？」と言いたくなってしまうところですが、そこはお口チャックします。働きたくないだとか、学生時代ろくに勉強もせず遊んでばかりいただとか、適当に就職先を選んでしまっただとか、そういう奴らが貧乏なのは自業自得です。でも、家庭環境や身体的なハンディキャップなどといったどうしようもない要因により、「すごく頑張ってるのに経済的に苦しい」人がいることも事実です。逆に、「たいして頑張ってもないのに大金持ち」って奴もいますから、稼ぎの多い少ないを努力の多い少ないにすり替えるのはよくないですね。そう考えると、確かに「お金持ちの1万円と貧乏人の1万円は価値が違う」という指摘も的を射《い》ているのかもしれません。

でも、だったら全員同じ税率でいいんじゃなかろうか。

例えば全員に10%の税率を課したとします。１００万円しか稼いでいない人は10万円、1千万円稼いでいる人は１００万円を納税します。「自分が精一杯働いた時間の10分の1は国のため」ということになれば、ある意味同じだけの価値（時間）を支払っていると言えます。これなら僕は他の人より多い金額を納税しても文句は言いません。現に、僕はさっき累進課税制度について調べているときに「全国民が平等に10%の負担をすれば国は豊かになる」という一文を見つけました。これでいいじゃないですか。

なのに！　なぜ！　さらに税率を高くする必要があるのですか！

さっきの考えで言えば、稼ぎの少ない人は働いた時間の95％は自分のために働いている時間です。一方、稼ぎがＭＡＸ多い人は、１日の労働の55％しか自分のために働けません。もはや稼ぎの多い人の労働を軽《かろ》んじているとしか思えなくなってきます。不平等を是正しようとしすぎて逆に新たな不平等を生んでしまったようにしか思えません。

なぜこんな不平等が国のルールとしてのさばっているのでしょうか。

今日僕の家に届いた選挙のチラシには、「消費税増税ストップ！　大企業と富裕層に負担を！」と書いてありました。結局そういうことなんですよね。

たぶん日本には、めちゃめちゃ稼いでいる人よりも、あまり稼げていない人の方が多いんですよね。だから、稼げていない人を優遇すればより多くの票が集まり、選挙に当選でき、社会のルールを変えることができるということですよね。めちゃめちゃ稼いでいる人は、少なからず僕と同じような不満を持っていると思いますが、数が少ないので封殺されてしまう。まさに数の暴力です。ていうか、これ僕自分で自分のこと富裕層って言ってることにならない？　そんなことないからね？　その方がわかりやすいからそう表現してるだけだからね？

しかも、「すまん！　ちょっと他の人より負担お願いしちゃってるね！」っていうことを絶対に認めないのになおさら腹が立ちます。なに「このシステムは公平ですよ～」感を出してるんだ。「国民の義務なので」じゃねえわ。てめえらが当選したいから大衆に媚《こび》売って都合よく作っただけのルールだろうが。おっと、口が悪くなってしまいましたね。

極論ですが、高額納税者を優遇するようなシステムとかがあれば、少しは自分を納得させられると思うんですけどね。友達とこの話をしたとき、そいつが「24時間いつでも駆けつけてくれる自分専用のタクシーが欲しい」と言っているのを聞き、「それならもっと払ってもいいくらいだなぁ」と思いましたもん。

そういえば僕が骨を折ったときも、今にも気を失いそうな状況でなんとか病院にたどり着いた僕は待合室で延々と待たされたのにもかかわらず、社会保障の恩恵をバリバリ受けてそうなおじいちゃんおばあちゃんが楽しそうにお医者さんと談笑しているのを見て、「この人たちの医療費は僕が払ってるんだぞ！　僕を優先しろよ！」と言いたくなりました。

ただ、ここで出てくるのが「平等」です。

「タクシーはみんなが使うものです、あなた専用にするのは不平等でしょう?」「おじいちゃんおばあちゃんだってどこかしら悪いところがあるんです、ちゃんと順番があるんですよ?」

おっしゃる通りです。こういうときだけ平等を振りかざしやがって……!

さて、ここまでつらつらと愚痴を書いてきました。でもこれって、もう仕方のないことなんだと思います。多分、今までにも僕みたいな文句を言う人がいて、そういう人の味方になってくれる人もいて、日本を良くするためにはどうすればいいんだ～って、頭のいい人たちが議論に議論を重ねて生み出したシステムなんでしょう、きっと。「それが嫌なら日本を出て行け」と言われれば、僕は素直にすみませんでしたと言うしかありません。英語話せないし。

でもまぁ、この文章のネタにできたという意味では、初めて税金に感謝できるかもしれません。今まで概要欄のような短めな文章ばかり書いていた僕にとって、このくらいの長さの文章を書くというのはけっこうな挑戦だったのですが、税金さんのおかげで「次何書こう」となることもなくスラスラとここまでたどり着きました。最初で最後のありがとうです。

この文章の冒頭で、「僕の闇部分を出すぞ！　気をつけろよ！」と忠告しましたが、それでも「虫眼鏡最低！　見損なったわ！」と思われた方はいるかもしれません。この本の読者の皆さんにだけ、普段なかなか表に出せない虫眼鏡の黒い部分をお見せできればと思ったのですが……少々余計なことを言いすぎた感もあります。ここはひとつ失った好感度を補充しておくとしましょう。

〜虫眼鏡の好感度補充コーナー〜

・毎月ＷＦＰ（国連世界食糧計画）に募金しているよ。飢餓《きが》で苦しむ子供たちを減らしたいんだ！

・1人でいるときに声をかけてくれた人の写真やサインは基本断ったことがないよ！

・今まで一度も浮気したことないよ！

・みんなからもらった手紙は1通も捨てずに全部大事にしまってあるよ！

いやなんかこれ好感度補充コーナーの方がいやらしくね‼

女性が太ももを見せるのは自信があるんじゃね説

（『平成ノスタルジー編』初出）

車に乗る人はわかると思います。前の車に追突してしまいそうになる瞬間No．1を。

徹夜して意識が朦朧《もうろう》となっているときでも、カーステレオから流れてくるゴキゲンな音楽にノリノリになりすぎちゃったときでもありません。「道を歩いている女子高生の太ももを目で追ってしまったとき」です。

いや、今「こいつ気持ち悪《わる》っ！」と思ったそこのあなた。それは理不尽ですよ。

僕が女子高生のスカートをわざわざめくって太ももをジロジロ見たとするなら、僕は素直に逮捕されましょう。でもあの太ももは、僕が見にいったというよりも向こうが見せてきてるに近いものですよ。勝手に僕の視界に飛び込んできておいて、「見んなよ、キメェ」とか言うのは違うわ。僕は無罪を主張します。

とにかく、女性の太ももには男性を思わず振り向かせてしまうほどの性的魅力があるというわけですよ。僕はあまり女性になったことがないので、女性の気持ちはわかりませんが、きっと無意識のうちに「私の太ももには魅力があるのヨ」とわかっているんだと思います。なので、学校で先生に叱られようと、階段を上るときにおじさんが後ろから覗《のぞ》き込《こ》んでこようと、スカートをどんどん短くしてしまうんだと思います。僕も「あ、今日祝日なんだ」くらいのペースで女装をするのですが、どちらかといえば太ももやすねはなるべく映したくないですもん。毎回すね毛を剃《そ》るかどうか検討しています。

こういった「自分の下半身への自信」は女性特有のものかもしれませんね。男性が「俺下半身には自信あるよ」って言ったらそれはちんちんのことですから。ちなみに僕は下半身に自信があります。嘘《うそ》でした。

しかし、太ももをガンガンに露出する女性でも、おっぱいやお尻を丸出しにしないのはなぜなんでしょう。水着で隠すのはどうしてあそことあそこなのでしょう。「当たり前でしょうが」と思われるかもしれませんが、性的魅力があふれているという意味ではおっぱいも太ももたいして変わらないわけですよ（虫眼鏡の意見すぎるため異論は大いに認める）。だったら太ももしっかり隠した方がいいんじゃないのと僕は思うんですけどね。

でも偉い人が「確かに！」とか言ってそういう太ももの隠秘に関する法律ができてしまったら、それはそれで悲しいのでここだけの話にしておきましょう（ちなみに軽犯罪法ではももをみだりに露出してはいけないという文言《もんごん》が一応あるらしい）。

ちなみに、僕の住んでいる岡崎市の女子高生のスカートはめちゃくちゃ長いです。自転車に乗ったらタイヤに巻き込まれちゃうんじゃないのってくらい長いです。もしかしたら岡崎市の教育がかなり厳しいということで有名なのと関係があるかもしれませんね。

つまり、岡崎市は「女子高生の太ももを運転手の眼球が自動追尾しちゃったせいで起きた交通事故」が圧倒的に少ないわけです。実際に岡崎市の交通事故件数を見てみましょう。

……え〜、全国で一番交通事故が多い愛知県の中で3位でした。普通に多いわ。

は～い、ここまで書いてきたこと全部撤回しま～す！
スカートが短いことと、交通事故にはなんの因果関係もありませ～ん！
太ももには全く性的魅力がないってことで～す！
みんなどんどん太もも出していこうぜ！

平成生まれの僕が、一度だけ後ろを振り返ってみる

（『平成ノスタルジー編』初出）

平成が終わります。いや、終わってます。
そうですよね、この本が出版されている頃にはもう新しい元号になっているんですよね。僕は今（執筆時）平成31年3月1日にいま～す！　締め切りが今日なので焦ってま～す！

さて、ここで早速「新元号予想クイズ」のコーナーです！
僕は本当にまだ平成にいるので（マジのマジ）、全く新元号を知りません。今から

ここで僕が予想する元号が当たっていたら、皆さんは僕へのごほうびとしてもう3冊この本を買わなくてはいけません。どちらか1文字だけが当たっていたらもう1冊ですね。先に言っておきますが全然ボケません。ガチで当てに行きます。

まず、なにかヒントになるルールみたいなものがないかなぁと思い、ブラウザで適当に「元号」と検索してみたところ、いい情報を見つけました。

『むかしむかし、とある宮内《くない》大臣は、元号選定おじさんに以下のような原則に沿って元号を決めなさいよと言いました』

その1　日本や他の国の元号とか有名人の名前とか土地の名前とかとカブっちゃダメ
その2　日本のあるべき姿をちゃんと表現してね
その3　ちゃんとした古い文献とかから言葉を引っ張ってきてね
その4　声に出したときに言いやすいやつにしてね
その5　書きやすいやつにしてね

なるほど、ちゃんと考えられているようですね。僕たちのような一般人からしても納得できる原則です。その3は別にそこにこだわらなくてもいいじゃんとも思うけど。

さらに、僕はもう2つヒントを握っています。

1つは、「たぶん漢字2文字」ということです。なぜかというと今までの元号がだいたいそうだったからです。もし違ったらただシンプルにびっくりします。

もう1つのヒントは最近の元号から導き出せます。

たまに「平成31年」のことを「H31」って書いたりしませんか？　なんならけっこう正式な書類でも、生年月日の欄に【M・T・S・H】って印刷してあって、丸をつけてね～みたいになってるタイプのやつありますよね？

これ、さすがに最近の元号とアルファベットがカブったらまずいと思うんですよね。さすがにそれは元号選定おじさんも考えていることだと思うので、少しだけ新元号の1文字目の行を絞ることができます。つまり、明治のMがついてしまうマ行、大正のTがついてしまうタ行、昭和のSがついてしまうサ行、平成のHがついてしまうハ行から始まる可能性は低いということですね。もうちょい遡《さかのぼ》って、慶応《けいおう》のKがつくカ行、元治《げんじ》のGがつくガ行、文久《ぶんきゅう》のBがつくバ行もないということにしておきましょう。

以上の情報をもとに、僕は1時間考え込みました。「小学生で習う漢字一覧」というページをにらみ、「なんでこんなコーナーを始めてしまったのか」と後悔しながら。「永光」とか「仁永」とか、なんかそれっぽい漢字を組み合わせるのは簡単なんですが、そういう縁起の良さそうな言葉はだいたいもう既にどこかで使われてしまっているんですね。特に僧の名前に。この1時間で僧のことが嫌いになりました。

幾度となく訪れたゲシュタルト崩壊と、ｄｅｌｅｔｅ《デリート》キーを長押ししたくなる衝動に打ち勝ち、若干の妥協を許しながら生み出した2文字はズバリ、「仁幸」です。「ジンコウ」と読みます。この2文字にはなんとなく「思いやりの心で世界に幸せをもたらそう」的な意味が込められています。どうでしょうか。僕は「いつかまた元号が変わるとしても、二度とこのコーナーを開催するのはやめよう」と思いました。

さて、ちょっとしたオープニングコーナーのつもりだったのに、僧のせいで長くなってしまいました。本題に入りましょう。

僕は「平成最後の〜」という言葉を聞くたびに、「だからなんなんだ。今日という日は二度と来ないんだから毎日が人生最後だろ」と感じていました。別に元号が変わったところで何かが劇的に変化するというわけでもないですし。

しかし、おそらく「元号が変わる」というイベントは一生のうち2回くらいしか体験できないと思われます。僕のように不摂生ですぐ鼻血を出すような人間はきっと早死にするので、もしかしたら今回が人生最後のNew元号ウェルカムパーティーになる可能性すらあります。

そう考えてみると、この改元は僕にとっても大きな出来事だと言えるのかもしれません。僕は平成4年生まれなので、実質僕自身が平成なんじゃないかみたいなところはあります(?)。それが終わってしまうというのは、『ジョジョの奇妙な冒険』でジョナサン・ジョースターが宿敵であるディオ・ブランドーの放ったスペースリパー・スティンギーアイズに喉《のど》を貫かれ絶命し、第1部が終わってしまったこととほぼ同じと言えます(?)。つまり、僕が生きてきたここまでの26年間は僕の人生の第1部だったわけです(?)。ムシメガ・ジョースターの奇妙な冒険 第1部「ナンデモムラット」ですよ(うまくモジれなかったのでジョジョに例えたことを後悔しています)。

というかこの本、講談社から出版してるんですけど、ジョジョの話していいのかしら。虫眼鏡の概要欄第3巻が集英社から出版されたら「あ、怒られたんだな」と察してください。

さて、それでは平成の終幕を記念して、僕は『ムシメガ・ジョースターの奇妙な冒険 第1部』（＝実質平成）を振り返ってみることにします。

今までの人生を振り返るにあたり、まず触れなくてはいけないのが「東海オンエア」という奇天烈《きてれつ》6人組おまぬけ集団のことです。

この本を手に取ってくださっている方であれば、おそらく皆さんご存知だとは思いますが、東海オンエアというのは僕が所属しているＹｏｕＴｕｂｅｒグループのことです。自賛になってしまいますが、ＹｏｕＴｕｂｅｒとしては今のところなかなか成功している部類に入ると思います。ちょっとだけ派手な生活ができるくらいにはお金もいただけていますし、少し道を歩けば高校生に声をかけてもらえます。なんならメンバーの虫眼鏡というチビ男の書いたふざけた文章が、有名な出版社さんによって立派な本になってしまうくらいです。

しかし、これは決して幼き虫眼鏡が望んだ未来ではありませんでした。虫眼鏡（幼）は小さい頃、プロ野球選手になりたかったのです。「いや、でもなんか僕体格が貧弱ゥだわ、プロ野球選手になれるわけないわ」と気づいた小学5年生、次の夢は薬剤師でした。「いや、でもうち家庭厳しいわ、6年も大学行かせてくれるわけないわ」

と気づいた中学3年生、次の夢は教員でした。大学でそこそこ真面目に勉強し、あまりに理不尽な教育実習も心をお地蔵さんにして乗り越え、22歳、ついに身の丈に合った夢を叶《かな》えました。幸せでした。毎日がとても充実していました。何しろ自分の力で夢を叶えたのですから。

僕はYouTuberになっていました。

国語の授業をしていたら校内放送で校長室に呼ばれました。「せんせいしかられるの〜?」とふざける子供たちに「そんなわけないだろ〜。先生は校長先生となかよしだからさ〜」と言い残し、校長室に向かいました。めっちゃ叱られました。「教育に携わる者がインターネットのような誰が見るのかわからないような場所でふざけるとは何事か、教育をナメてるのか」と言われました。僕は60%くらい「そう言われちゃうのも仕方ないな」と思い、35%くらい「そんなん関係あんの? ちゃんと仕事しとるやん」と思い、5%くらい「○んじまえクソジジイ」と思いました。「明日までに教職を続けるのか、辞めるのか決めてこい」と厳《おごそ》かに告げる校長に、僕は「いや、じゃあ辞めます」と答えました。そして次の日からYouTuberになり、4年。26歳になった僕はやはりYouTuberでした。

『ムシメガ・ジョースターの奇妙な冒険 第1部』のあらすじはこんな感じです。このお話は果たしてハッピーエンドと言えるのでしょうか。中学、高校とそれなりに優秀な成績をキープし、一銭たりとも援助をしてくれない親に家を追い出されつつも、バイトゾンビとなり必死に4年間大学に通い、やっとの思いで手に入れた教員免許が無駄無駄無駄無駄ァになった26年です。

皆さんがどのように思われるかはわかりませんが、僕はこの26年を改めて振り返り、主人公のムシメガ・ジョースターに、

「よくやったな。大成功じゃないか」

と声をかけてあげたいです。今成功しているからではありません。ちゃんと彼が〝主人公〟になれたと思うからです。

校長室に呼ばれ、「教員ｏｒ ＹｏｕＴｕｂｅｒ」を問われたとき、僕はこう思いました。

「ここで教員を選べば、それなりに安定した人生を死ぬまで送ることができるだろうな。でも、この世界に教員っていったい何人いるんだろう？　それに対して、Ｙｏｕ

Ｔｕｂｅｒで飯を食っていける人はどれだけいるんだろう？」

22年間お利口さんに生きてきた僕は、そこで初めて「僕ってバカだなぁ」と思う決断を下《くだ》すことができたのです。「ロマン」とか「面白そう」とか、そういう計算できないものの中に飛び込む覚悟ができたのです。


しかし、「これは僕が22歳になって立派に成長したから下せた決断なんだよ」と言いたいわけではありません。僕が1人でシコシコとＹｏｕＴｕｂｅｒをやっていたら、きっと僕は教員を選んでいただろうと思います。超がつくほどの安定志向だった僕がバカな決断を下したのは、僕にバカを教えてくれたクソバカ5人のせいです。ジョセフ・ジョースターがシーザーやリサリサと出会い、一緒に波紋の修行をしたからこそ、カーズを倒すことができたのと同じです。


僕は自分に「よくやった」と言いたいと書きましたが、

「そんな決断を下すなんて……よくやったな」ではなく、

「そんな風に自分を変えてくれた仲間を見つけられたなんて……よくやったな」と言いたいのです。

さて、『東海オンエアと出会えたムシメガは幸せであった……これからも彼の順風満帆な冒険は続くのであった……第1部　完』といきたいところなのですが、「ちょっと待てよ、僕26歳だよね……これって大丈夫なのか?」と思う部分もあります。
そう、ジョナサンは第1部の最後にエリナ・ペンドルトンと結婚しましたよね。僕の友達のそう君も、ひろき君も結婚しました。一方ムシメガはというと、未《いま》だに全く結婚したいと思えないのです。まだ子供も欲しいと思えません。「おいおい、それじゃあジョナサンじゃなくてスピードワゴンじゃないか」というツッコミが聞こえてきそうです。クールに去らないといけません。

僕はこの26年を無駄に過ごしたつもりはありません。友達の誰よりもたくさんのことを経験し、充実した人生を送ってきたつもりです。でも、友達から「結婚しました」「子供ができました」という報告を受けるたびに、彼らがすごく大人に見えてしまうのです。単純に人生のイベントで先を越されてしまって悔しいなというだけの話ではなく、「彼らは一生に一度しかできない決断をこの若さで下すことができている」ということに劣等感を覚えるのです。

そう、やはり僕には決断する力がないのです。「教員なんて辞めてやらぁ！　どんなもんじゃい！」と大見得を切った虫眼鏡はまだかりそめの姿だったのです。真の虫眼鏡は、「今の彼女も別にいいんだけどさ、もし将来もっと素敵でおっぱいの大きな人と出会ったらどうしよう」「人生は一回きりなんだから、絶対に間違いのない決断をしたい」とよくよく考えているのです。

別に早く結婚した人が偉いというわけではありません。それはわかっていますし、全く焦ってもいません。ただ僕は、平成から「自分の人生を自分で切り開く力」を置き土産《みやげ》として渡されたような気がするのです。

『ムシメガ・ジョースターの奇妙な冒険　第2部』にはそれこそ人生を左右するような決断が求められるシーンがいくつもあることでしょう。結婚もそうですし、家を買うかもしれません。もしかしたら「東海オンエア」との別れすら待ち構えているかもしれません（あ、これはめちゃめちゃおじさんになってＹｏｕＴｕｂｅｒじゃなくなってるかもねという意味です、深読みしないように）。そのとき、ムシメガは今度こそ自分の力で決断を下せるようになるべきなのです。

僕は第1部をハッピーエンドだと表現しました。しかし、もしも第2部でムシメガが自分じゃ何も決められないような人間に成り果ててしまったなら、僕は「やはりあそこで教員を選んでおくべきだったのに…やっぱり第1部はバッドエンドでしたな」と訂正しなくてはいけません。

『ムシメガ・ジョースターの奇妙な冒険』が名作になるかどうかはこれから次第。平成と共に生きたこの26年に合格点をあげるのはまだ早いってことですね。

しかし、第1部とか第2部とか仰々《ぎょうぎょう》しく言ってみたものの、きっと僕は今とそんなに変わらない生活をしていることと思います。

皆さんは体育の授業のお手伝いとかでラインカーを引いたことがありますか？　あれ、前を向いて引っぱってるときは、「うわ〜超まっすぐ歩いてるわ〜」と思うんですが、後ろを振り向いてみるとなぜか線がぐにゃぐにゃに曲がってるんですよね。でも、線が曲がらないようにしようと思って後ろを向きながら引っぱると、ますますうまくいかなくなるんですよ。不思議なことに。

たぶん人生もそれと同じだと思います。少なくとも僕は現在の自分の状況を客観的に判断できないタイプの人間ですし、毎日くよくよ反省していたらそれはそれで心を病んでしまいそうです。

どこかで立ち止まり、一度振り返ってみたときに初めて、「あぁ僕のこれまでの人生ってこんな感じだったんだ」「これからはちょっとここを直さないとな」ということに気づけるんだと思います。

僕は「平成お～しまい」というこの節目に、一度後ろを振り返ったので、しばらくはまっすぐ前だけを見て歩いていこうかなと思います。次の節目に、きれいな線が引けているといいな。

令和の概要欄

2019年5月―2020年12月

働き方改革とふんどし

（書き下ろし）

ねえ君、今どんなパンツ穿いてんの……ちょっと見せてよ……。
そうそう、今穿いてるズボンとかちょっと下ろしてみて……スカート穿いてるなら
捲るだけでもいいよ……。
へえ、そんなパンツなんだ……かわいいね……脱ぎやすそうでいいじゃん……。
僕のも見てみる……？
ちょっとくらいいいじゃん、チラッとだからさ……？
じゃあいくよ……ちゃんと見ててね……

チラッ

＿人人人人人＿
＞ふんどし！＜
￣Y^Y^Y^Y^Y￣

失礼しました。ふんどしが出てしまいました。

どうもこんばんは。ＦＵＮＤＯＳＨＩ《ふんどし》　Ｃｈａｌｌｅｎｇｅｒ《チャレンジャー》の虫眼鏡です。僕は今ふんどしを着用しながらこの原稿を書いています。東海オンエアの動画を普段から観てくださっている方は、僕がなぜふんどしを着用しているのかご存知のことと思いますが、改めて説明させてください。


時は遡り、２０２１年１月。

昨今の「働き方改革」の風潮はサラリーマンだけでなく、東海オンエアにも影響を与えています。自分たちからアピールしてもダサいだけなのであまり言いませんが、実は毎日投稿（東海オンエアは週６だけど）しているＹｏｕＴｕｂｅｒというのはかなり忙しいです。撮影はある程度まとめてしまうこともできますが、それでも１日に４本以上撮影をすると精神的・身体的に疲労が溜まります。するとテンションが下がり、動画があまりおもしろくなくなります。そりゃそうじゃ。

今のところ東海オンエアでは週に２日の撮影日を設けていますが、時間がかかる撮影がある場合はまた別の日に１本集中で撮ることが多いですので、撮影日が週に３日になることはザラ、4日の週だってあります。

そして撮影というものはスタジオに行って喋るだけで終わるわけではなく、しっかり準備する時間も必要です。例えば「来週の撮影までにこういう作品を作ってきてください」といったような宿題が与えられることがあるんですね。これはまぁ自分の塩梅でどうとでもなるんですが、「あ、こいつ手を抜いたな」というものは一瞬でメンバーにも視聴者さんにもバレますので、かなり高いハードルでアイデアを捻り出し、スベる恐怖と戦いながら淡々と作業をこなす必要があります。僕は「【見つかれば死】風景と同化せよ！　文理対抗擬態ツアー！」という動画の準備で、2日間かけて部屋いっぱいの発泡スチロールを切り刻み、3日間かけて後片付けをした経験があります。まぁ動画に僕の努力の結晶が映ったのは1分20秒くらいなんですけどね。

しかし、YouTuberのお仕事はそれだけではありません。我々は6人のメンバーで分担しているのでまだ負担は軽い方ですが、撮影した動画素材を編集する作業があります。

この編集作業がなかなか大変でございまして、15分の動画を作るのにどうしても10時間程度はかかってしまいます。当然ですが、撮影した動画素材が長ければ長いほどさらに時間がかかります。

しかもこの10時間、ぶっ続けで編集し終えるのは至難の業なんですね。ずっと同じ動画を見つめていますので、だんだん客観性が失われ、今自分が見つめているものがおもしろいのかどうかわからなくなってしまい、せっかくテロップをつけたシーンを死んだお魚さんの目で眺めながらデリートデリートしてしまうこともしばしばです。てつやなんかは1日で終わらせてしまうこともあるようですが、だいたいのメンバーは作業を何日かに分けて、集中力の高まった状態で臨むことが多いです。テスト勉強と一緒ですね。その方がクオリティが上がります。

さらにサブチャンネルの撮影・編集、メンバーシップの生放送・撮影・編集、YouTubeストーリーの撮影・編集、撮影に使う道具の買い出し、撮影に協力してくださる方や場所への連絡やミーティング、スケジュールの設定、グッズやイベントのミーティング、会計処理などなど……事務所のバディさんやお手伝いさんが一生懸命手伝ってくれるとは言え、見えづらい部分でもかなりの作業量があります。

さらにさらに、東海オンエアは優秀な人材が集まっていますので、メンバー個人にお仕事が舞い込んでくることもあります。ありがたいですね。

たとえばてつやだったら「この動画に出演してください」「このイベントに出てください」と言ったタイプのお仕事が多いですし、音楽活動をしているとしみつは、「ミーティングが！」「レコーディングが！」「ライブが！」などと忙しくしています。僕もこのような書籍関係のお仕事で忙しい月もありますし、毎月そこその数ラジオ収録をしています。全員分列挙しているとくどいので割愛しますが、他メンバーも然《しか》りです。

しかも中には「東京に来てくださいね」という仕事もありますので、その移動でもかなりの時間と体力を消耗してしまいます。マジで1回10万円払うからルーラ使わせて欲しいです。

さらにさらにさらに、2週に1回「ネタ会議」があります。

これは一日中椅子に座っているだけなので、身体的にはそこまで疲れたりしないのですが、精神面で最も大きなダメージを受けるタイプのお仕事です。自分が2週間かけてちまちまと練り上げた、まるで自分の子どものように可愛いネタたち（中には全く可愛くない奴もいる）（いや、可愛くない奴の方が多いかもしれない）（というか子どもいないので自分の子どもがどれくらい可愛いのか想像できない）を「ボツ！」の一言で切り捨てられる感覚が想像できますか？　メンバーが必死に提案しているくだらないネタに、なんだかんだと難癖をつけて諦めさせる作業の切なさがわかりますか？　偉い人にはそれがわからんのですよ‼

僕はつい先日「背の高い人と背の小さい人、たくさん運動している人とほとんど運動していない人に全く同じ量の食事をと水分を与え、うんこの重さを測ったら違いは出るのか」というネタを必死で通そうとしましたが、「まぁやらない方が無難」というよくわからない理由で没にされてしまい深く落ち込みました。昔はお前らうんこから出てきたコーヒー豆のコーヒー飲んでたやんけ‼　変わっちまったなぁ‼　絶対次のネタ会議でも知らん顔して提案してやるからな……。

さらにさらにさらに、メンバーは全員「個人チャンネル」を持っております。もうここまで出てきた作業で忙殺され、ほとんどのメンバーがなかなか定期的に更新できていないのが実情ではありますが、それでも別にまだやることはまだまだあるよというわけです。

こんな生活を休みなく続けていたらいつ遊べばいいんですか！

YouTuberなんて言わば「アウトプット」のお仕事。「インプット」ができないのにおもしろいアウトプットができるかい！　もうめんどくさい撮影出たくない！　休ませろ！

労働者のそのような悲痛な叫びを聞いたオンエア労働基準局はこう言いました。
「いや、別にけっこう遊んでることない？」

そうなんですよね〜。
今はわざとキツそうに書いたので「大変そう」という印象を持ったかもしれませんが、意外に24時間という時間は長いので、やらなければいけないことを全てきっちりこなしても、寝る時間は十分（じゅっぷんじゃなくてじゅうぶんだよ）あるし、遊ぶ時間もけっこうあったりするんですよね。個人のお仕事もけっこう月によってムラがあったりするしね。バディさんだって4人もいるし、最近は分担がうまくいって一人一人の負担はかなり減ってきたしね〜。

そ、それはそうかもしれないけど、そういうことじゃないんですよ！

1年間365日「東海オンエア」とか「次やらなきゃいけないこと」をずっと意識し続けながら生きるって大変じゃないですか！　たまには動画のこととか忘れたいよ‼

労働者のそのような怠惰な叫びを聞いたオンエア労働基準局はこう思いました。

『いや、わりと全国民そんなもんじゃない？　学生とかのほうがつらくない？　あとけっこう東海オンエアのこと忘れ去って遊び倒してるし、14時間寝てるよね？』

しかし、オンエア労働基準局はそう言いたくなる気持ちをグッとこらえ、こう言いました。

「それもそうだね。年末年始はちゃんと休もう。1年に1回くらい長期休暇も取ろう」

ということで東海オンエアは通称「神休み」と呼ばれる10月の1週間の休暇、そして年末年始の休暇を得たのでした。

そういえば今2021年1月に遡《さかのぼ》ったままでしたね。ふんどしの話でしたね。

長々と東海オンエアのお仕事のお話をして何を伝えたかったかと言うと、「年末年始休んでましてね」という一点だけです。いやぁムダ話がすぎましたね。

でもって、年末年始休んでましてね、気持ちもリフレッシュされましてね、「今年も東海オンエアがんばろう」なんて言いましてね、２０２１年1本目の撮影に臨みましてね。確か「【人権皆無】ペアが揃ったら『カードに書いてあること』が執行されるスリリングババ抜き…」なんてタイトルの動画でしたかね。撮ったわけですよ。年末年始カメラの前にいなかったからまだ声も出ないだろうなんて言いまして、ゲームのプレイ中は静かでも大丈夫そうなオリジナルのババ抜き企画をしたわけですわ。

大声出たよね。東海オンエア8年やってきて一番大きい声だったかもしれない。

「手品用のスートと数字が印刷されていないトランプに、自分たちで『なにか』を書いて普通にババ抜きをして、手札の中で2枚揃って場に捨てるときにそのカードに書かれた『なにか』が起こる」というシンプルなネタだったんですけどね。

「1ヵ月ふんどし」って書いてありましたね。

あと「アウターとニップレス可」とも書いてありましたね。

「アウターとニップレス可」ということは、それ以外は不可、つまりズボンも不可ということです。遊戯王の難解な効果テキストに慣れている僕からしたら、そんなことはもはや自明でした。

かくして僕は1ヵ月もの間、屋外に出るときだけ「全裸＋ふんどし＋ベンチコート」、屋内では「全裸＋ふんどし」のあられもない姿で生活することになったのです。回想終わり。

ということで現在3週間ふんどし一丁で過ごしてきた私虫眼鏡が、今後「1ヵ月ふんどし生活」をするかもしれない誰かのために、ふんどしだけで過ごす場合の注意点を簡単に書き残しておくことにします。皆さんもぜひ参考にしてください。

①意外に快適

当然ふんどしというものは、パンツの代わりに穿くものですので、比較対象はパンツになります。

穿き心地だけで比べるのであれば、意外にも全くの互角、なんならゴムの締め付けがないぶんふんどしの方が楽とも言えます。日本ふんどし協会（本当にある）は「就寝時のふんどしは健康に良い」と主張しており、会長の中川ケイジさんは『人生はふんどし1枚で変えられる』という本も出版しているほどです。

僕も一度間違えてお風呂上がりにパンツを一瞬穿いてしまったことがありますが、「え、パンツってこんなに締め付けてきたっけ」と感じました。習慣になっていて気づかないだけで、実は人間は24時間お腹をゆるやかに締め付けられているんですね……。

②トイレめんどくさすぎる

想像に難くないと思いますが、就寝時以外のふんどしは相当不便です。特にトイレは厄介です。

男性の小であれば、サイドからボロリン♪と出して用を足してしまえばいいですが、その後かなり念入りに尿切りを行わないと、ふんどしに尿シミができてしまいます。

これは人に見られるとキモいし臭いので良くないですね。

大ともなるとさらに面倒です。ふんどしのシステム上、肛門を全開放するためには一度ふんどしを完全に外さないといけませんので、脱ぎたての温もりを持ったふんどしを抱えながら排便をする必要が生じます。その際、ひもやふんどしの先が便器の中やトイレの床に接触しないよう気をつけましょう。しっかりとウォシュレットで洗浄した上で、丁寧に拭きあげる必要があるのは言うまでもありません。

③寒い

屋内の暖房というものは「服を着ている人の感じる寒さ」を前提に設定されているため、基本的に肌寒く感じてしまいます。寒いからと言って暖房をＭＡＸにすると、まわりの人が「暑い！」と正論を投げかけてくるので注意が必要です。

④キモい

服を着ていない状態というのは心理的にもかなり心細いものがあります。僕は無意識に自分の体をさすったり、乳首を摘んだりしてしまう症状がありました。客観的に考えてこの行為はかなりキモいので気をつけましょう。

　また、ふんどしはその構造上、前後面にはかなりの隠蔽力がありますが、左右の防御力には不安が残ります。もし大きく行進をするような動きを左右から観察されてしまった場合は、公然猥褻《わいせつ》の罪に問われることも覚悟しましょう。

　いかがだったでしょうか。
「なんか腹毛が生えてくる」という症状もありましたが、これはさして重大な問題ではないと考えられますので、今回は割愛しました。

　しかし、何事も対策より予防です。
　そもそもそんな罰ゲームが生まれるような状況を作り出さないこと、これが最も大事です。
　そして職場でそのような誰も得しない罰ゲームが横行している場合は、お近くの労働基準局に相談しましょう。僕からは以上です。

　やってられるか！　こんな罰ゲームを受ける可能性があるような動画なんて

出たくないよ！
１ヵ月だぞ！　80年生きるとして人生の１／９６０ふんどし一丁なんだぞ‼

オンエア労働基準局
「いや、そのネタ提案したのお前な？」

結局身長が高い奴が戦いでは生き残るのだ
（２０１９年６月18日公開／東海オンエアの控え室より）

ボクシングって17階級あるらしいんですよ（男子）。

１階級が２キロくらいの差で、かなり細かく分けられています。ちょっとした体重の差でかなりパフォーマンスに違いが出るってことですよね。

さて、ここまで読んだ聡明な視聴者さんたちは僕が次に何を書くのかもうわかっていますよね。そうです。

身長でも分けろよ！

素人目線で考えると、体重が重いことより身長が高いことの方が有利なように感じてしまいます。だってシンプルに腕が長いんだもん。

なんなら、全てのスポーツに「階級」という制度を設けて欲しかったです。僕は身長が低いばかりに、なかなか球技で活躍できず悔しい思いをしてばかりでした。みなさんもなんとなく経験ありますよね。ただ背が高いだけの野球部員が授業のバスケで、ゴール下に陣取り、ヘッタクソなシュートで無双するのを。

もしも全てのスポーツに身長による階級があったら、僕はもっと運動を頑張っていたかもしれません。シンプルにライバルが少なすぎていい結果残しそうだし。

【新スタジオ初】22時半、晩ごはんはじゃんけんで決めます

（2019年7月16日公開／東海オンエアの控え室より）

岡崎市は愛知県の真ん中らへんにある市で、豊田《とよた》市、新城《しんしろ》市、豊川《とよかわ》市、蒲郡《がまごおり》市、幸田町《こうたちょう》、安城《あんじょう》市と隣接しています。

もちろんそんなことはないと思いますが、あえて調子に乗りすぎた考えをしてみると、東海オンエアが活躍することによって、周りの市は肩身が狭い思いをしていると言えてしまうかもしれません。そんなことはないと思いますけど（強調）。

もちろん僕たちも愛知県全体が盛り上がってくれる方が嬉しいので、僕の今知っている限りの情報で隣接市町を簡単にＰＲしてみます。

○豊田市

言わずと知れた「世界のトヨタ」があります。外国の方に「オカザキってどこ?」と聞かれたとき、「愛知県の真ん中……」とか「名古屋から車で30分……」とかいうより「トヨタの隣の市」と言った方がいいくらいです。僕も今週豊田市にレクサスのお話をしに行きます。

○新城市

たいへん自然が多く、のどかな市です。おばあちゃんの家がありがちです。とても空気がおいしいです。

○豊川市

いつも僕たちが通り過ぎる市です。何があるんだろう。

○蒲郡市

海に面しています。みかんを作っています。ラグーナテンボスというそこそこ有名な施設があります。

○幸田町

たいへん自然が多く、のどかです。てつやは「岡崎市幸田町」だと思っていました。

○安城市

たいへんヤンキーが多く、のどかです。ドン・キホーテにはヤンキーがリポップする穴があるともっぱらの噂です。ゆめまるはその穴から生まれました。

ふざけて珍棒を出すのはもう卒業です

（２０１９年10月19日公開／東海オンエアの控え室より）

ＹｏｕＴｕｂｅの動画のタイトルに「エロ」とかは使えません。使おうとすると「アカンで、これじゃあ公開してあげないよ」って言われちゃいます。どうしても「エロ」という言葉を使いたいときは「工ロ」とか「エ口」と漢字を巧みに使いこなし、なんとかチェックをかいくぐります。まぁこの作戦もそのうち使えなくなりそうだけどね。「ちんこ」「ちんちん」「おちんぽ」「肉棒」「男性器」という言葉も、使ってしまうとおそらく広告が剝がされてしまいます。別に広告が剝がされること自体はまぁいいんですが、そういう怪しい動画がなにかの拍子にアウト判定を受け、動画を消されてしまうというペナルティを受けます。３回注意されるとチャンネルが消えるという話も聞いたことありますよね？　そうなるのが怖いので、もういっそタイトルやサムネイルにはそういう言葉を使わないようにしようと思っていました。

「珍棒」ベンリネ～！

なぜかみんななんのことか一瞬で理解してくれるし、引っかかるわけもありません。ただの珍しい棒の話だからね！　これからこの言葉を使うことにします。珍棒自体は出さないけどね。
ちなみに、もしかしたら「珍棒」という言葉が何を指しているのかわからない人のために一度だけ言っておきますが、「珍棒」とはおちんちんのことです。ザコシショウありがとう。

あれ？てつやまた車買うの？

（2019年11月29日公開／東海オンエアの控え室より）

「価格帯」と「購買意欲」の関連性についての一考察

東海オンエア　虫眼鏡

前提として、商品の質が同じであれば消費者は「安いほど買いたくなる」はずである。

逆に考えれば、「高くなるほど買いたくなくなる」ということである。1本1万円のきゅうりを買う人間はいないのだ。

しかし、1本100万円のお酒や、1台1億円の車を買う人間はいる。確かにスタンダードなお酒や車と質は違うのかもしれないが、果たして

その価格は妥当なのだろうか。

「普通の車は100万円です、だけどこの車は大きいしエンジンもすごいし内装にも

特別な素材を使っているので800万円です」これはまだわかる。製造のコスト的に売値が100万円では利益が出ないのだろう。

しかし1億円の車を作るにあたって、9000万円以上コストがかかっているということはないだろう。「単なるコスト以上のもの」が、価格の中に含まれているのである。

「単なるコスト以上のもの」とは、たとえば「ブランド力」であったり、「希少性」であったり、目に見えないものであることが多い。それに価値を感じない人間にとっては、全くと言っていいほど意味のないものとも言える。

しかし、その「単なるコスト以上のもの」に魅力を感じる人間は、その額が大きければ大きいほどさらに魅力を感じる傾向がある。つまり、「高ければ高いほど買いたくなる」のである。

確かに、「レクサスはレクサスですけど、200万円のレクサスがあるんですよ」と言われてもあんまり買いたくない。もはや「価格の高さ」が価値を高め、必要以上に価格を吊り上げているとも言えるのではないか。

高いきゅうりは買いたくない。高い時計は買いたい。高い洗濯バサミは買いたくない。高いお酒は買いたい。この「高くなるほど買いたくなくなる」条件を覆すものにはなんらかの共通点があるはずである。それについては次回考察する。

てつや「貯金があると安心というか慢心する」

（2019年11月30日公開／東海オンエアの控え室より）

「価格帯」と「購買意欲」の関連性についての一考察 その2

東海オンエア　虫眼鏡

この動画の概要欄において、消費者が感じるであろう「高くなるほど買いたくなくなる」という一般論の例外として、「高ければ高いほど魅力を感じる」ものがあると考察した。それらの共通点とは一体なんであろうか。

まず、どんなものがそれに当たるであろうか。車やマイホーム、高級時計はもちろんのこと、酒やホテル、レストランも含まれるだろう。

「消耗品は安くてもいい、長く使うものは高くて良いものを」という考えは非常に合理的である。

しかし、ほとんど味もわからないくせにわざわざモエ・エ・シャンドンではなく、ドンペリやアルマンドを注文する輩《やから》にこの考えは当てはまらない。シャンパンはいったん胃に入れてトイレに吐き出すというだけの消耗品であるからだ。

つまり、「消耗するか否か」によって「高いほど魅力を感じるか」どうかが決まるという理論は不完全である。

持論では、「他の人に対して自慢できるものであるか」が「高いほど魅力を感じるか」どうかを決めているのではないかと考える。

家や時計、車は長く使うものであり、自然と周りの人間の目に触れるものである。自分の経済力や社会的な成功をアピールすることができるのだ。

一方、飲みの場やホテル、レストランで高額の代金を支払う場合、基本的には「他に誰かがいる」ことがほとんどである。つまり、その場にいる人の前でいい格好したいという感情が生まれるのではないだろうか。

つまり、「うわ、この人ケチってラブホの部屋安いとこにしたわ、しかも宿泊じゃなくて休憩かい！　ダサ！」と思われたくなくて、わざわざ空いてる部屋の中で一番高い部屋に宿泊し、高い代金を支払うということである。

つまり、高価格の商品は我々に「質」を売っているのではなく、「満足感」を売っているということではないだろうか。

「満足感」とはすなわち「自身の成功への安心」でもある。人間は大きな消費活動を行うことで、自らを肯定しているのではないだろうか。

虫眼鏡、2ヶ月経ったのでもう一度精子の検査をしてみます

（2020年1月30日公開／東海オンエアの控え室より）

性的な話は堂々と人前で話してはいけないような雰囲気があるのはなぜでしょう。YouTubeでもエロい話をすると広告がつきません。

性欲は人間の三大欲求のひとつで、誰しもが必要とするものです。そして非常に奥

が深い。なるべく多くの人数で情報を共有した方がいいに決まってるのに。

僕自身、自分の営みが一般的なのかどうか全くわかりません。「ノーマルスタイルはこれ」って教えてもらったことないので。うさんくさい情報源から得たそれっぽい知識を「普通」だと思い込んでいるだけです。

エロい話をすると嫌がる人もいますし、「下ネタだ」と笑う人もいます。「じゃあお前はそういう情報どこから取り入れてるの？　それが正しいってなんでわかるの？　その限られた情報だけでいつか子どもを作るの？」と聞いてあげたいです。

神はエロい行為に「気持ちいい」という感情を付与しました。神的にはエロ推奨なんです。

神がエロOKなのに人がエロいのダメって言うの傲慢《ごうまん》じゃないですか？　広告つけてくれよ。

【クソ暇つぶし】こち亀のページ適当に開いて笑ったら負け

（2020年3月2日公開／東海オンエアの控え室より）

幼い頃、ドラえもんを観ていてのび太くんがマンガを読むときに声を出して笑っているのを不思議に思っていました。僕は別にマンガが嫌いというわけでもないのですが、あくまでも読み物というのはこちらの想像力である程度おもしろさを補わなくてはいけないものだと思うので、「のび太はどれだけ豊かな想像力でマンガを読んでいるのだろう」「涙出ちゃうくらいおもしろいマンガとか読んでみたいわ」と思っていました。

しかし、今ならわかります。マンガで声出るわ。

昔に比べてマンガがおもしろくなったというよりも、くだらないおもしろさへの準備ができていないんでしょうね。小学生や中学生って喋る言葉の85%はくだらん冗談じゃないですか。なので、ある程度「アホなこと」への耐性がついていたんだと思います。

しかし、大人ってのは基本的にくだらないことをすると叱られてしまう環境で生きていますので、アホ耐性が著しく落ちているんですね。だからたまにマンガとかでくだらないギャグシーンに出くわすと不意打ちで笑わされてしまいます。

としみつやゆめまるは今でも小中学生の心を持っているので、僕は比較的まだアホ耐性がついている方だと思います。そんな僕でも笑えるマンガ、是非教えてください。

【46道府県旅行の旅！岡山県編】～倉敷の美酒とマイティ・ソーを添えて～

（2020年3月3日公開／東海オンエア メインチャンネルより）

【桃太郎はどのようにしてきびだんご一つで犬・猿・雉を仲間にしたのか】

僕だったらあんなおいしくもないお団子一玉で命かけて鬼と戦いたくないですからね。桃太郎の交渉術どうなってるんでしょうか。

・動物たちは飢餓状態にあった

鬼が暴虐の限りを尽くす世界。食べ物も鬼に略奪されていたことでしょう。残されたわずかな食料が、そこらへんにいる動物まで行き渡っていたとは思えません。生きるか死ぬかの瀬戸際をふらふらと彷徨《さまよ》っている動物に向かって、腰に団子をつけた人間は呼びかけるのです。「僕と一緒に鬼退治に行きませんか。もし鬼を倒せば何でも食べ放題ですよ」とね。とりあえずその手付金としてきびだんごを与えたのかもしれません。

・桃太郎ガキ大将説

鬼が暴虐の限りを尽くす世界。誰もが鬼を恐れ、触らぬ神に祟りなしと考えていたことでしょう。それが当たり前の世界で、「鬼を退治しにいきます」とぬかす小僧。桃太郎は桃から生まれていることもあり、十分な教育を受けられていなかったのでしょう。思ったことをすぐに行動に移してしまう桃太郎は、「あの犬かわいい、連れて行こう」と無理やり動物たちを従えていたのかもしれません。よく考えてみれば犬ってきびだんごなんかを喜んで食いますかね？　あれはただの理由付けで、実は無理矢理連行しているだけなのかも……。

・そもそも動物たちは鬼を殺る気満々だった

鬼が暴虐の限りを尽くす世界。鬼は調子に乗っていたことでしょう。動物めっちゃおこ。

・動物たちはバカだった

鬼が暴虐の限りを尽くす世界。それはさておき、動物はヒトほど頭が良くありません。騙されてしまったのでしょう。

りょうはズボンを買うとき裾を切らないんだって

（2020年3月3日公開／東海オンエアの控え室より）

デニムは昔作業着だったらしいですね。「ホントにこんな硬い生地で作業するの？」と思わなくもないですが、今では立派なオシャレパンツです。

つまり現代では作業着として着られているものも、遠い未来では普段着になっている可能性があるということですよね。

なるほど。

「メイド服」って、言ってしまえば作業着ですよね？

僕がイメージしているあの衣装が正式なメイドさんのユニフォームかどうかはさて

おき、そこそこ歴史もあるはずです。

ということは？

そろそろメイド服が普段着になる可能性もあるのではないだろうか？

あくまでも個人的には大歓迎なのですが、流行に敏感な女性のみなさんいかがでしょう……？

【仕込み多数】「今から驚かせるね」と宣言した上で相手チームを驚かせろ！

（2020年4月5日公開／東海オンエア メインチャンネルより）

東海オンエアはよく「サムネイルが下手だ」と揶揄されます。僕もそう思います。メンバー6人ともあんまり美的感覚がないんですよね。いまだにPhotoshopを使わずにサムネイルを作っているグループなんて東海オンエアしかないんじゃないですかね。

「じゃあサムネイルの専門家をつければいいんじゃないか」と思われるかもしれませんね。そうすれば少しくらい再生回数も増えることでしょう。

ただ、そうではないんですね。

動画の中には「ここがピーク！　派手！」というシーンがあります。そこをサムネイルに採用すればもちろん若干再生回数も増えそうなサムネイルも作れると思われますが、やはり我々は「視聴者さんを驚かせたい！　なるべくネタバレしたくない！」という気持ちが強く、どうしてもそのシーンを避けてしまいます。なので若干地味目なサムネイルにはなってしまうんですが、それはそれで東海オンエア的にOKというわけです。最初から最高点に設定されたハードルを超えていくのは難しいですからね。

「能ある鷹は爪を隠す」っていうじゃないですか。

「エンタメ力あるＹｏｕＴｕｂｅｒはサムネダサくす」ってことです。

【おふざけ無】「絶対に合わない材料」を駆使して真面目に新料理を考案しよう！

（2020年4月22日公開／東海オンエア メインチャンネルより）

なかなか外に出づらい今、自炊をする人も多いですよね。いいことだと思います。せっかくずっと家にいるのですから、今のうちに自炊スキルを習得しちゃいましょう。

そしてTwitterに自分の作った料理の写真をアップしますよね。いいことだと思います。

「上手にできたからTwitterで自慢しちゃおう！」「フォロワーさんが褒めてくれた！」という成功体験は、もっとスキルを磨きたいという原動力になります。なんなら人に見られるからこそ丁寧に作るという一面もありますからね。僕もこの間クリームシチューを作ったのでツイートしましたが、なんかその方が料理上手っぽいかなと思って途中でアスパラ加えちゃいました。普段だったら絶対やらないのに。普通にベーコン巻いて食べたかった。

でも、完成した料理によくわからん葉っぱ載せる奴はダサいです。

自炊で上に載ってる変な葉っぱ食いたくなることないだろ。それは褒めてもらいたがりすぎだろ。

絶対残った変な葉っぱ冷蔵庫の中でしなびとるやん。

てつやはしばゆーに謝りたいことがあるみたい…！

（2020年4月24日公開／東海オンエアの控え室より）


小学校では、「ごめんね」「いいよ」「じゃあまた一緒に遊ぼう」でした。

でも、大人って「大変申し訳ありませんでした」「どう責任を取るつもりですか！辞任するんですか！」じゃないですか。

だったら小学生の頃から「ごめんね」「どういうせきにんのとりかたするの？」を学んだ方がいいじゃないですか。

それか大人がちゃんと許す心を思い出すか……。

ごはん大好き好きてつやくん

（2020年5月11日公開／東海オンエアの控え室より）

ふとった だとか
やせてない だとか
こころが やせてるね

むしを

としみつが自分を見つめなおしています

（2020年5月22日公開／東海オンエアの控え室より）

僕は学校の先生をしていたことがあり、
（みんな：驚きの声を上げる）

日本語の使い方についてはかなりうるさく指導されてきました（書き言葉のことね）（話し言葉はとてもそんなこと言えない）（昔ヨーグルトについてたサラサラの砂糖欲しい）。

今でもテロップや概要欄を書くとき、「こんなの気にする人いるのかなぁ」と思いながらもちょっと気をつけてしまいます（だからと言って間違ってたところ指摘しないで恥ずかしいから）。

東海オンエアは6人とも編集に携わっているので、書き言葉も揃えられるなら揃えた方がいいです。そしてどうせ揃えるなら正しいとされるものに揃えた方がいいです。なのでこの概要欄に、僕がたまに気になっちゃう「実は日本語的にはこれが正しいとされているらしいよ」という「漢字・ひらがなの使い分け」の例を挙げておきますね。東海オンエアの人たち概要欄読んでなさそうだけど。

【補助動詞はひらがなに統一】

・「食べて行きましょう」↓「食べていきましょう」
・「行って下さい」↓「行ってください」
・「飲んで見ましょう」↓「飲んでみましょう」

・「寒くなって来ましたね」↓「寒くなってきましたね」

明らかに違和感のある例を挙げたんですけど、動作が1つしかないときは漢字になる動詞も1つってイメージです。本当に「行って」「来る」なら「行って来る」でもいいと思うんですけど、基本そこってまとめませんもんね。

【なんかよく知らんけどひらがなで書いた方がいいらしい言葉】

・「うんちを踏んだ時」↓「うんちを踏んだとき」

・「暗くてじめじめした所」↓「暗くてじめじめしたところ」

・「丸い物」↓「丸いもの」

・「万引きした事があるんだ」↓「万引きしたことがあるんだ」

・「有る・無い」↓「ある・ない」

これ僕めっちゃ指導案とかで直されました。だってパソコンが勝手に変換するんだもの。テロップだと漢字にした方が一文字分余裕ができて便利なんだけどな！　じゃあこの漢字たちどこで使うんだとも思うけど！

なんでこんな小難しい概要欄を書いたかというと（×書いたかと言うと）、この動画のタイトルは「見つめ直す」なのか「見つめなおす」なのか迷ったからです。ちなみに「迷ったらひらがな」が鉄則なので、今回はひらがなにしました。なにこの概要欄。

虫眼鏡、アニメみたいなシーンに出くわす

（2020年6月2日公開／東海オンエアの控え室より）

【体験してみたいアニメシーン】

・転校生（かわいい）が自分の隣の席に座る、なぜか自分のことを知っているようなそぶり
・「親方〜！　空から女の子が！」
・幼なじみ（かわいい）が朝起こしに来てくれたり晩ごはん作りに来てくれる
・転倒し偶発的に美少女の胸部及び臀部と接触してしまい、赤面した美少女に平手打ちをされる
・後夜祭のキャンプファイヤーでダンスをした男女は絶対に結ばれるやつ（マジで

なにこれこんなん絶対ないやん)
・王道に強え能力持ってる(触れているもののベクトルを任意に操作できる能力がいい)

【体験してみたくないアニメシーン】
・巨大ロボに乗せられ戦わされる(乗らないなら帰れって言われちゃうし)
・両親が1億5680万4000円の借金を残し蒸発する
・とりあえず修業全般
・自分の命を狙ってる奴がいるというシチュエーション自体
・なんか髪の毛がピンクとか黄緑は勘弁

【頑張れニトロ爆弾】東海オンエアの撮影準備はたいへんな仕事です
(2020年6月6日公開/東海オンエアの控え室より)

この動画の中でも「今としみつが家を出た!」などの発言がありますが、東海オンエアの人たちはなぜか位置情報を共有しています。僕も前にジョージが岡崎へ来たとき、強制的にアプリを入れられたのですが、いかんせん僕のｉＰｈｏｎｅの容量がパンパンすぎたので消してしまいました。僕使ったことないし。

しかし、最初は気持ち悪いなぁと思っていたこのアプリですがなかなか便利です。こうやってメンバーにドッキリをかけるときや、メンバーが遅刻した際にあとどれくらいで到着するのかを予想するときにりょうくんが「あと○分だよ」と教えてくれるので、大変助かっています。

また、僕たちが仕事で東京へ行ったとき、普段なかなか会えないおともだちが飲みに誘ってくれるというメリットもあります。僕はないけど。僕も次のｉＰｈｏｎｅが発売されたらちゃんと容量大きいのを予約します。

しかしですよ。スマホアプリ一つ入れるだけでそんなことができるのなら、やろうと思えば全国民が今どこにいるかを完全に把握しているコンピューターがいてもおかしくないわけですよ。そういえば携帯を契約するときに免許証のコピーを取られたような……？　もしかして顔写真のデータを入手するため……？

全国民の「顔」「個人情報一式」「口座情報・クレジットカード情報」「今の居場所」

がわかり、なんなら今カメラに写っている風景やマイクが拾っている音声まで傍受できる……。

いや、これ以上真実を追及すると消されてしまうかもしれません。みなさんも今聞いたことはわすれてくだっっs

【バズりたい】3時間チャーハンを炒め続けたらめっちゃパラパラになる?(他5篇)

(2020年6月17日公開/東海オンエア メインチャンネルより)

大人になると時間が経つのを速く感じる現象には「ジャネーの法則」という名前があるらしいです。

10歳にとっての1年は、自分の人生の1/10なのに対し、50歳にとっての1年は人生の1／50だから、そのように感じてしまうのだそうです。ちなみにこの現象について調べたとき「体感的には20歳で人は人生の半分を終えている」という一文があったのですが、さすがに読んでないふりをしました。

ということはですよ。いろいろなことにかける時間を、歳をとるごとに少しずつ長くしていけばあの「もうおしまいか」という感覚がなくなるのではないでしょうか。20歳のとき、食事に15分かけていたのなら、40歳になるときには30分かけるようにしましょう。10歳のとき、湯船に浸かって１００まで数えていたのなら、27歳は２７０まで数えましょう。はじめてエッチしたときの時間と年齢を計算して、今自分がかけるべき時間を逆算しましょう。

実際にはそんなことはできませんが（おじさんめっちゃ寝てばっかりになるから）、そういう意識を持てば前をトロトロ走っているジジイの運転も許せるはずです。

としみつ、野球部の思い出を語る（5秒で）

（２０２０年6月18日公開／東海オンエアの控え室より）

僕の通っていた高校は公立校なのですが、妙に敷地面積が広く、1年生の頃は普通に迷子になっていました。グラウンドは４００メートルトラックで、野球場もレフトは山田哲人《やまだてつと》くらいパワーがないとネットを超えないような広さです（当時の体感だから違うかもだけど身長伸びてないからそんな違わないはず）。

そしてなにより、敷地の中に謎の森があります。広いです。

遊歩道的な森とかピクニックできるような森じゃなくて、ガチの森です。用途はいまいちわかっていません。

当時の僕はただの普通に頭いいだけのチビだったので、その森に興味がありませんでした。謎を暴くべく探検隊を組織するという考えや、「誰もみていないヨ」とか言って彼女とちょっとエロいことをするという考えがなかったのです。

東海オンエアの人たちが通っていた岡崎城西《じょうせい》高校の思い出を聞くとすごく楽しそうだなぁとは思いますが、別に僕もすげえ楽しかったので羨ましいとまでは思いません。

ただ、その森を踏破できなかったのは心残りです。

僕の後輩たち、僕の意思を受け継いであの森でエロいことをしておくれ……。
でも蚊に刺されるだろうから軽めなスキンシップにしておけよ……。

【無料】てつや大先生の編集講座

（2020年7月9日公開／東海オンエアの控え室より）

【虫眼鏡小先生からの補足】

編集が「うまい」「下手」というのには色々な考え方があるかと思います。
まずはっきり言って、東海オンエアは人さまに編集を教えられるほどのスキルはありません。だってサムネダサいし。テロップ読みにくいし。

しかし皆さん、「松屋」と「高級フランス料理」、どっちが料理うまいですかと聞かれたら悩みませんか？
たぶん「高級フランス料理」の方がテクニックやスキルはあるのでしょうが、だからと言って「松屋」の牛丼は高級フランス料理に劣っているかと言われれば、ちょっと答えに窮《きゅう》するのではないですか？

フランス料理にはフランス料理の良さがあり、牛丼には牛丼の良さがあるわけです。「テクニックやスキルがある」＝「編集が上手」と一概には言えない訳ですよ。あるに越したことはないですが。

では東海オンエアは何をもって「編集上手」と言っているのか。

それは「てつやの編集をコピーできているか」にほかなりません。

てつやの編集は良くも悪くもちゃんと「東海オンエアらしい」特徴があり、なんやかんやこの地位まで東海オンエアを導いたわけです。「この編集が好きなんよ」とファンになってくれた方もいる訳です。

今は1本あたりの動画の時間も長くなり、昔のようにてつやが全ての動画を編集するというわけにもいかなくなってきましたが、それでも名店の暖簾《のれん》分けのように「てつやイズム」を継承していくことは重要だと考えます。

逆に言えば東海オンエアの編集を丸パクリしても、それはあくまでも「東海オンエアに似た味」になってしまうので、本店の東海オンエアにはかなわないでしょう。それぞれ「自分たちのチャンネルっぽさ」を出すこと、それが「編集うまい」につながるわけです。

これからも僕たちは、クソダサフォントと見にくいテロップを駆使し、伝わりにくいサムネイルとタイトルを継承していきます。

てつや&としみつ、頭脳ゲームで対戦

（２０２０年8月28日公開／東海オンエアの控え室より）

（僕たちはあるけど）大人の男が集まって友達とテレビゲームする機会ってほとんどないですよね。子どもの相手をしてあげるとか、オンラインで誰か知らない人と対戦するとかはあるかもしれませんが、隣に座って「死ねえ」と言いながらゲームするチャンスはほとんどありません。いわゆる「死ねニケーション」の機会がグッと減るわけですよ。

「死ね」「くたばれ」「地獄に落ちろ」「おまえの母ちゃんデベソ」といったような言葉はもちろん使ってはいけないのですが、じゃあ今後二度と口にするなよと言われたらちょっと自信なくないですか？　ストレス溜まりそうな気しませんか？　たまにはめちゃくちゃ下品な言葉使いたくないですか？

個人的には「男友達とテレビゲーム」って唯一そういう言葉が許される場所な気がしてるんですよね。そこで適度にガス抜きをして、他の場所では綺麗な言葉を使う。かっこいいじゃないですか。

まぁ僕は東海オンエアしか友達いないのでこれからも動画の中で死ねって言いますけどね。

【未公開集】実際成人向け漫画家さんって自分の絵でいたせるの？

（２０２０年10月23日公開／東海オンエアの控え室より）

男に限った話ではないのかもしれませんが、性欲が強いとなんだか気持ち悪がられますよね。人間の３大欲求の１つなんですから、あって当然なはずですし、さまざまな嗜好があってもいいはずです。

しかし、「パクチー好きなの？ キモっ」「枕あると寝られないの？ キモっ」という人はいないのに、「スカトロ好きなの？ キモっ」とは思ってしまうのが不思議です。なぜエロに関してだけ「普通」「ちょうどいい」をそんなに求めてしまうのでしょうか。おそらく「相手がいるかどうか」「人に迷惑をかけるかどうか」が基準になっている気がします。

ということは、エッチなアニメやマンガ、AVの中では存分に趣味フルMAXでもいいということのような気がします。そこに口を出す奴はもう一生エッチすんな。特に「そういうの見てるからいつか現実でも～」とか言う奴はもう一生喋んな。

とはいえ私虫眼鏡はガチのマジで普通～の性癖しか持っておらず悔しい思いをしています。どうせなら色んなジャンルのものに興奮できる感性を持ちたい……。

なにかオススメあればスマートに教えてくださいまし。

神休み明けリハビリトーク2 ~ゆめまるなにその髪型~

（2020年10月29日公開／東海オンエアの控え室より）

僕の髪の毛が伸びるの早すぎ問題。

よく「スケベな人は髪の毛伸びるの早いよ」とか言われますが、なんの科学的根拠もないですし僕はエロくないので関係ありません。おっぱい揉みてえ。

しかし、よく考えてみましょう。

どうやら僕は平均的な男性よりもほんの少しだけ身長が低いようにも見えます。というか体のパーツが全体的に小さいんですね（ちん◯んだけは一般人と同じサイズ感なのでよく「大きくない？」と言われますがそれは相対的な判定なだけな気がする）。つまり顔も小さいんですよね。髪の毛の伸びる速度自体は一般人と同じはずなので、相対的に「伸びたな」と感じるところまで髪の毛がたどり着くのが早いだけなのではないか……。

まぁそのうちハゲるから関係ないけどな。

【ジョークですよ】1番スマートにてつやを「暗殺」できた奴の勝ち！

（2020年11月1日公開／東海オンエア メインチャンネルより）


僕は昔熱帯魚を飼っていたのですが、あるときプラティーという魚が赤ちゃんを産みました。

お金のない中学生だったので、「ラッキー！　無料で魚増えるやん！」とか思っていましたけど、ウキウキしながら成長を見守っていたのですが、いつしかその稚魚たちは姿を消していました。どうやら親魚が食ってしまうらしいですね。だから産まれた瞬間別の小さい水槽に移してあげないといけなかったとか……。

当時の僕「え？　魚ってそんなアホなん？　わからんの？　自分の子供への愛情ないの？」

でもよく考えてみれば、人間だって簡単に人間を殺せますからね。

「殺せない」のではなくちゃんと知性と理性で「殺さない」でいるだけです。

今自分がのほほんと生きていられるのは、自分の周りの人間に知性があるからなんですね。そう思うと簡単に「バカ」とか言えなくなりますよね。

鬼滅の映画を観たてつやがうるさい

（2020年11月17日公開／東海オンエアの控え室より）


「キメハラ」いいじゃないですか。

アニメを観て、ハマって、好きなキャラができて、その楽しさを人に伝えざるを得なくなる。グッズも買うし映画も観にいくし、好きなアニメがコラボしてるソシャゲも始めちゃう。楽しい。

これって今までいわゆる「オタク」ってバカにされてたような行動なんですよ。

好きなものにお金を使うこと、好きなものを広めること、この楽しさを「ハラスメント」なんて言葉で貶《おとし》めないでほしいです。

僕もでんぱ組．ｉｎｃのツイートをよくＲＴしたりしますが、「でんハラ」とか言うんじゃねえぞ。

東海オンエアたるもの美容にも気を遣わねば！

（2020年12月5日公開／東海オンエアの控え室より）

虫眼鏡は髭を脱毛している病院で、お肌のケア的なものもしてもらっています。「毎朝晩飲んでくださいね」というお薬（ビタミン剤）が7種類もあり、毎日飲み忘れています。

しかしホントに7種類も必要なんですかね？　そんなに飲んで大丈夫なんですか？　先生曰《いわ》く「摂りすぎた分はちゃんと排出されるから大丈夫」なんだそうです。

だったら4種類分くらいはおしっこで流れていってそうですね‼　その分薬減らして安くしてくれ！

ということは、僕のおしっこを飲めばたぶんビタミンがたくさん摂取できてお肌が綺麗になると思います。無料でいいですよ！　お肌トラブルが気になっているみなさんはぜひ相談してください。

ウキウキのとしみつ、てつやに誕プレを贈呈

（2020年12月9日公開／東海オンエアの控え室より）

僕もオタクなので、キャラクターのグッズは好きです。将来住む家にはドラクエの小物をちりばめることが決定しています。

しかし、たまにグッズを見ていて「これは果たしてグッズと言えるのだろうか」「子どもはこれを買ってもらえて嬉しいのだろうか」と不安になってしまうものがあります。

でも、それでも嬉しい人は嬉しいんですよね〜。

「タオル」「Tシャツ」と言ったような実用性のあるものはもちろん、「ちっこいフィギュア」とか「缶バッジ」とかいまいち使い所がわからないグッズも、集めることで欲が満たされるんですよね。並べたりすると壮観です。

しかし、お菓子のパッケージとかにキャラがプリントされているだけで中身いつもと同じもの。これはいけませんな。

このあいだＴｗｉｔｔｅｒで「鬼を退治するアニメ」のコラボみかんってのを見かけましたが、これ絶対中身普通のみかんじゃないですか。断面が日輪刀の鍔《つば》みたいになってるとかじゃないですよね。

自分たちでなんの工夫もせず、簡単にキャラの人気にあやかろうとする姿勢が好きではありません。キャラが可哀想です。

「企業努力をそんなふうに言うなんてひどい」とも言われましたが、これを「企業努力」と呼ぶのはもはや逆にその企業に失礼だと思いますけどね。その企業がアニメ作ってるなら別ですけど。

でもこれを買うことによって少しでもこの作品にお金が入ると思えば……とか思って結局買っちまうんですけどね。そういう作戦？

死んでしまった種たちを供養してあげたい

（『ウェルカム令和編』初出）

東海オンエアは現在、週に6本動画をアップしています。企画・準備・撮影・編集・アップロードまで全て自分たちで管理していますので、実はそこそこ忙しかったりします。意外ですよね〜。

さて皆さん、ほぼ毎日動画をアップしていく上で最もキツいのはどの作業だと思いますか？

実は「企画」なんですよ。

「どんな動画をどのように撮るか」のネタ出しをする作業です。

「そんなの素人でもできるわい！」と皆さんは思われるかもしれませんが、実際のところ僕たちも素人でございます。今まで「やってみたいこと」をやって1500本以上の動画を制作してきましたので、「さぁ次は何をしたい？」と聞かれても「ちょっと待ってくださいね……なんかあったかな……」状態にしばしば陥《おちい》ってしまうわけです。渾身《こんしん》のネタを思いついても、ちょっと昔に「東海オンエア」というチャンネルが既にやっていることも多く……あいつらには困ったものです。考えることが似てるんだもん。

そんなわけで、東海オンエアのネタ会議はしばしば難航するのですが、だからといって全くネタが出ないなんてことはありません。世の中には無限にネタがありますし、東海オンエアには6人もメンバーがおりますので、なんだかんだの巡り合いでステキなネタが爆誕するんですよね。

もしかしたら、「3時間ネタ会議をしたけど1つのネタも思い浮かばなかったよ」なんて未来もあるのかもしれませんが、もしそうなったら潔《いさぎよ》く引退しようと思います。

採用されるネタには、

A『それはおもしろい！　準備したらすぐにできるね！』
B『何言ってんのおまえ？　もうよくわからんから全部任せるわ』
C『一生懸命《いっしょうけんめい》みんなで知恵を出し合ったらなんとか撮れそうなネタになったね』

の3種類があります。

一見、Aのネタが面白そうでCのネタはスベりそうな印象を受けますが、決してそんなことはありません。視聴者さんの反応というのはなかなか読めないものです。

たとえば僕の提案したネタで、2020年の1月～3月にアップされたものですと、
A「【成金集団】東海オンエアの金銭感覚は麻痺《まひ》していないのか⁉」

B「何が起こっても平静を保て！　東海オンエア特別健康診断！」

C「メンバーのスマホを泥棒して日本全土のどこかに隠しちゃおう！」

という分類になるのですが、あんまりわからないですよね？

個人的な好き嫌いは当然あるかと思いますが、基本的には同じくらいのクオリティに仕上がったなと感じています。


ですので、基本的にネタ会議というのは「現状イマイチなCのネタを撮影できるレベルまでブラッシュアップする」会議のことになります。AやBのネタについては改めてみんなで話すこともありませんので、Cのネタの多さでネタ会議の長さが決まってきます。

この「ブラッシュアップする前のネタ」のことを、東海オンエアでは「種」や「た

ねポケモン」と呼びます。そして、そのネタに含まれていた要素を活かしつつ、「種」を見事いいネタに仕上げることを「芽が出る」「花が咲く」と言います。花が咲いたときはわりといい雰囲気になります。

また、「たねポケモン」に含まれていた全要素を完全に抹消《まっしょう》し、会議の途中でふと出てきたワードをヒントに全く新しいネタを生み出すことを「メガシンカ」と呼びます。メガシンカしたときはちょっとだけ「?」な雰囲気になりますが、みんな気付かないふりをします。

そして、種から芽を出そうと必死に努力してもなかなかいい案が出ず、話し合いが長くなってしまうことを「沼にハマる」と呼びます。一旦その種の存在を忘れることを「寝かせる」「コールドスリープ」と呼び、最終的にそのネタを放棄することを「種が腐った」「英断」と呼びます。種が腐ったときはわりとみんな無言になります。

前置きが長くなりましたし、全く関係ないことも書きましたが、僕が何を伝えたいかというと「一見ダメそうなネタでも、いいネタに化ける可能性を秘めている」ということです。

メンバーが「これは多分ボツだろうな……」と心の中で思いながらも、一応そのクソザコ種を議題に挙げてみるのは、その種が大化けするわずかな可能性に賭けているからです（ちなみにクソザコ種を議題に挙げる場合は、携帯のメモを睨みながら「……というネタがここに書いてあります」と他人事のように発表するのがマナーです）。

そうです、自分で「これは面白くないだろう」と勝手にボツにするのではなく、その種が腐り果てるまで可愛がってあげるのがＹｏｕＴｕｂｅｒとしての責務なのです。

僕は今までたくさんの種を提出し、その種がうんともすんとも言わないようすを嫌というほど見てきました。それでも僕はその種たちを腐らせず、悠久《ゆうきゅう》の眠りにつかせていました……！

いつかこの種たちが大きな花を咲かせるかもしれないと信じて……！

しかし、形あるものはいずれ壊れます（形ないけど）。

今日はこの場をお借りして、僕が今まで溜めに溜めた「既に死んでいる種たち」を腐らせ、供養してやりたいと思います。

彼らはついに花を咲かせることはできなかったけど、せめて紙の上のインクとしてこの世界を眺めて欲しいです。


それでは、合掌《がっしょう》。


スポーツ中継でよくあるかっこいいスローモーションのリプレイみたいなやつ、素人でも狙ったらできるんじゃね？

↓できたから何？ってなる。

急に人に水をぶっかけて「熱っ！」という温度と「冷たっ！」という温度の境目は何℃か？

↓企画に気づかれないように同じ人に何回も水をぶっかけないといけない。そんな人いない。

カイロとヒヤロンの中身混ぜてみた
↓面白くないうえに「子供が真似したらどうすんの」って怒られそう。

日常生活で手に入る毒を集めてみた

↓毒だからあぶない。だからダメ。

複数設置されたカメラの全てに共通の死角に入れ！

↓とんでもなく設置がめんどくさそう。あと成功したら何も映らんやん。

これだったらいくらりょうでもカッコ悪くなるでしょってことをさせてみる

↓りょうがヤダって言った。

108円拾うまで帰れない

↓キツいのに地味。消費税変わった。

そのへんに歩いてるババアの服の色だけを使って絵を描く

↓別に描ける。あとババア意外に派手な色の服も着てる。

自己犠牲選手権

↓名前だけ決めた。内容は何も考えてない。

体温上げバトル

↓たぶんみんなやること一緒だし、体温上がりすぎたら死ぬ。

東海オンエアに入らないかドッキリ

↓めちゃめちゃ本気にされたらどうしよう。

めっちゃ昔やったドッキリもう一回やったらリアクションは同じなのか？

↓そもそも東海オンエアドッキリやってなかった。
マツエク祭り
↓意味不明。
ルーレットで習い事を決めてしっかり習ってこよう
↓ちゃんと通えるわけない。
アルコール除菌のウェットティッシュずっと吸ってたら酔うの？
↓酔うかもしれんけどそれ多分危ないやつ。
大人にうんこ我慢させたら漏らすのか
↓漏らすだろそりゃ。
野良猫捕まえバトル
↓すごく楽しそうだけどたぶん叱られる。
炎の剣vs.水の剣vs.電気の剣
↓技術力・発想力不足。たぶん炎の剣危なすぎてＹｏｕＴｕｂｅに消される。
赤ちゃんのときの写真当てクイズ
↓たぶんネタ考えたとき疲れてた。
数学の問題実際にやってみる

↓兄と弟が池の周りを回るやつ以外実際にやってみておもしろそうなものがなかった。

おしっこピッタリ○○ミリリットルした人が勝ち！

↓ごめんなさい。

3分クッキング3時間かけてみた

↓焦げるよね。それ以外に何かある？

今までしてきたバイトのテクニックをみんなに教えてあげる

↓なんで？

海賊版商品見分け選手権

↓海賊版ってそもそも買うのはよくないことだし……。

逆さま写生大会

↓？．？．？

了解道中膝栗毛《どうちゅうひざくりげ》

↓何このメモ？　どういうネタか思い出せん。

一番ふわふわなもの作った人が勝ち

↓全員綿菓子を作るのではないか。綿菓子以上のものなんてあるのか。

1週間横になってたら身長伸びるのか
↓さすがに……さすがに今じゃない……。
編集でカットするところだけを動画にする
↓さすがに攻めすぎてて理解を得られないと思われる。
台風と人間どっちが速いのか
↓台風が上陸する場所に素早く移動できない。あと危ない。
スタバの入れ物に入ってればおしっこでも飲む
↓本当に飲んだら困る。
タピオカみたいにうさぎの糞入っててても気づかないのでは?
↓本当に飲んだら困る。
美容師さんがタラちゃんの髪型にしてきたら途中で「違いますよ」って言えるのか
↓誰にこれを仕掛けるのかが問題。
100×100マスオセロ
↓楽しいのは最初だけだろうな。あと100×100って10000だからね。
トランプ13までじゃなくて60くらいまで作って大富豪してみた

↓これは今でもやれると思っているのだが、動画でおもしろさが伝わらないとのことでボツ。

ねこのエグいかわいい動画撮ってくる選手権

↓多分このネタを考えた日も疲れてた。

なんかまだまだあるんだけど今回はこのあたりで勘弁しておく……！

たぶんこの書き方ってレイアウト的に大分ページ数を無駄にしてるような気がするので……。

講談社さん！　ボツネタの部分字を小さくしてくれていいですよ‼

「大人の事情」とか知らねぇよ

（『ウェルカム令和編』初出）

「仕事行きたくねぇ〜」と愚痴《ぐち》る友達と飲むたびに、「そんなの人生無駄にしてるじゃん、もったいないなぁ」と思ってしまいます。だって、どんなホワイト企業でも

1日に8時間は働くわけですから、人生の約3分の1は働いていることになりますよね。人生の3分の1がつまらないってちょっとマズいですよね。

たぶん、人生ってもっと楽しくていいはずなんですよ。

でも、世のおじさんたちはなぜか「楽しいことだけして生きていくなんて人生そんなに甘くないゾ」と言います。なぜか「辛いこと」や「楽しくないこと」を、短絡的に「のちのち自分のためになるからネ」と強《し》いてきます。

いや、それあんたらが人生謳歌《おうか》をミスっただけでしょ？

僕たちYouTuberは楽しいことばっかりしています。それで毎日ご飯《はん》も食べられていますし、（そんじょそこらのおじさんたちよりも）たくさん納税もしています。

「そんな仕事いつまで続けられるかわからないでしょう」ですか？

はい、おっしゃる通りです。

でも、それならそれでまた次の楽しいお仕事を探すだけです。つまらないお仕事を

60歳まで我慢して続けることがそんなに偉いのでしょうか。だったら僕たちは全然偉くなくていいです。

「つまらないなら仕事辞めちまえ」とまでは言いません。でも「楽しい時間はより長く、つまらない時間はより短く」することはできますよね。楽しいことはいいことです。人生を楽しんでる奴をろくでもない人間扱いするのはもうやめましょうよ。遊んでる奴の方がたくさん笑ってますよ。

……という原稿が全ボツになりました。

これは、とある会社さんから「ＹｏｕＴｕｂｅｒならではの新しい風を！」とお願いされ、意気揚々と書いたコラムの原稿なんですが、「比較的年齢層が高めの方も読んでいますので……不快に思われる方がいらっしゃる可能性もあるので……」とのことで、原形がなくなるくらい違う文章に直されてしまいました。せっかく普段とは違う媒体で露出できるぞということで、敢えておじさんたちに刺さるように張り切って書いたのに……。「大人の事情」キライです。

僕は修正原稿を読んで「これは僕が書いた文章じゃない！」と思ったので、スッパリ諦めて別のテーマで一から書き直すことにしました。次はちゃんとおじさんたちが不快にならないように気を付けましたとも、ええ（怒）。

……という怒りの原稿をこの本の担当さんに提出したら、また「大人の事情」で修正されてしまいました。もう知らん。勝手に直せぇ！！！

「虫眼鏡の放送部」に届くスケベなお便り

（『ウェルカム令和編』初出）

◉前置き

実は僕、文章を書くのがめちゃくちゃ遅いのでございます。

普段のサブチャンネルの概要欄程度の文章を書くだけでも、長いときには40分以上かかってしまうんですね。視聴者さんたちは基本的に「早く動画を観たい」と思ってくれているような気がするので、あくまでもおまけである概要欄に時間をかけすぎて、皆さんをお待たせしてしまうのは本意ではありません。まとまった文章をもう少し手早く書く能力が身についたらいいなと日々思っています。
そこで今回はこのエッセイを「40分」で書き上げるチャレンジをしてみたいと思います。本職の作家さんがそんな原稿を提出したら、編集さんにこっぴどく叱られてしまうことでしょうが、たぶんこの本なら大丈夫です。一つの企画だと思って応援してくださいませ。

◉以下本文
僕は東海オンエアの虫眼鏡なんですが、実は「虫眼鏡の放送部」の部長の虫眼鏡でもあるんです。
はい、僕が東海オンエアとは別に個人で運営しているチャンネルが「虫眼鏡の放送部」でございまして、週に1本1時間程度のラジオ動画（？）をアップしています。気になった方はぜひチェックしてみてください。
さて、つい先日虫眼鏡の放送部が記念すべき第69回の配信を迎えまして、まぁね、69と言えばそりゃあエッチな数字でございますから（69のどこがエッチなのかわからないそこの君はパパに聞いてみよう！）、普段はほどほどにしている「スケベなお便り」しか読まない特別回として配信させていただきました……。おかげさまで好評だったようでして、どれだけみんながスケベ大好きなのか改めて実感いたしました……。このエッチマンたちめ！

ただ、エッチマンたちは僕の予想を遥かに上回るエッチ具合でございまして、配信の中で読みたかったお便りを全て読み切ることができなかったんですね。

せっかくおもしろいお便りをいただいたのに読めないのはもったいないということで、ここでなんと！

収録で読みきれなかったスケベなお便りをここで一つ紹介したいと思います。いわば『出張・虫眼鏡の放送部』ですね！　ラッキー！

それではいきましょう！　こんなお便りです！

R・N《ラジオネーム》：鈴木《すずき》くん
『むしさん！　ちんぽ！』

……すみません、読むお便りを間違えてしまいました……。普段はとてもいい視聴者さんたちなんですが、たまにこういうアホの中学生が交ざってしまうんですよね。

でもまぁ中学生はアホなことをするのが本業なので、皆さんここは大きな胸で許してあげてください……。

（セルフツッコミ：いや、広い心な！　なんとなく意味はわかるけど！）

はい、本当のお便りはこちらです！

R・N：粉塵爆発《ふんじんばくはつ》さん
『※私は女です
私は、ク●ニちゃんをされるとき、恥ずかしくて「や、やめて。。」という気持ちになります。私のイメージだと、そういう女の子が多いのでは？　虫さん、多いのでは？
それなのに、フ●ラされる男はなんであんな堂々としてるんですか？　同じように局部を舐められているのに。
フェ●されている男の立場の方が上と思っているのでしょうか。。？
いや、確実にお前の制裁与奪《よだつ》の権利をもってるのはチンポポをくわえてる私じゃないか。
虫さん、女は局部を舐められるの恥ずかしがるのに、男はなんであんな堂々としてるんですか？』

……改めて文章にしてみると生々しくて、「こんなものを発売して大丈夫なのだろうか」と心配になってしまいます。講談社さん、ちょっとヤバそうだったら戦時中の教科書みたいに真っ黒に塗りつぶしておいてください……。

あと色々ツッコみたいところもあるけど、文章だからツッコみ遅れますね！　とりあえず「※私は女です」は書かなくて大丈夫かな！　読めばわかるので！　あと「制裁与奪」じゃなくて「生殺《せいさつ》与奪」ね！　ボケるならしっかりチェックしようね！

さて、僕はクン●ちゃんというのがなんのことなのか全くわかりませんが、確かに照れちゃう女性が多いような気がします。こちらとしてはちょっとだけ「どうせ舐められたいんだから早よせい！」って気持ちになりますけど、まぁそれも女性の恥じらいとして可愛がってあげませんとね。

そう、女性の「恥じらい」というのは可愛いのです。好みもあると思いますが、初《う》心《ぶ》で純情そうな女性が好きな男性は多いと思います。僕も好きです。

しかし、男性はそうではありません。簡単に言うと「男の照れてる姿は需要ない」のです。処女は人気がありますが、童貞はダサいのです。女性がどう思っているのかはわかりませんが、少なくとも男性はそう信じています。

ですので男性はこう考えます。

「本当は恥ずかしいし、めっちゃ照れちゃうけど我慢しなきゃ……経験少なくてダサいと思われる……」


そう、男性はフェ●チオをされているとき、頑張って堂々とすることによって虚勢を張り、男としてのプライドを守ろうとしているのです。これは男性にとって遺伝子に組み込まれてるんかってくらい自然な行動です。

中にはヒャンヒャン言う女々《めめ》しい男もいるのかもしれませんが、それはそれでちょっと嫌じゃないですか？　粉塵爆発さん？

これからは「おっ、こいつ今頑張ってるんだな」と思いながら優しくもぐもぐタイムを楽しんでください。

以上、お便りありがとうございました！

◉後記
とんでもないペースで書けた。エロすごい。

おしまいの概要欄

今作「東海オンエアの動画が6.4倍楽しくなる本 虫眼鏡の概要欄 クロニクル」は講談社文庫さんから出版させていただけるということで、最初にお話を聞いたときはあまりの光栄に驚き、そして講談社文庫さんから本を出している作家さんで「む」から始まる人を調べてしまいました。

実はそんなこともないのかもしれませんが、僕の中では「文庫本」＝「売れている本」というイメージでしたし、もっと言えば貧乏学生だった僕にとって「本」＝「文庫」だったものですから。相当な本好きだとか、大好きな作家さんの待ち望んだ新作だとかではない限り、四六判を買うのってちょっとハードル高いですもんね……文庫という手に取りやすい形で出させていただけるのは本当にありがたいことです。

今ではもうＹｏｕＴｕｂｅｒが本を出すなんて珍しくもなくなりましたが、文庫にしてもらえるというのはなかなか珍しいのではないでしょうか。しばらくの間調子に乗って自慢しまくります。

さて、「東海オンエアの動画が6.4倍楽しくなる本 虫眼鏡の概要欄 クロニクル」は一応総集編でもあり、「虫眼鏡の概要欄 第4弾」でもあります。別に第1弾から第3弾を読まないとお話がつながらないよなんてことは全くもってないのですが、「いや私A型ですもんで、どうせなら全部揃えな気が済まんのですわ」という方がもしいらっしゃるのであればねぇ……、それはもうねぇ……、ご自由にどうぞというか……近くの書店さんになければAmazonとかでも買えるんじゃないかなぁというかねぇ……、毎度ありがとうございますという気持ちを表明するにやぶさかではありません。

1年前、第3弾のあとがきを執筆していた頃もコロナで大変な時期でしたが、なぜかその頃は「コロナ」という言葉を使うのはマズいかもしれないと感じており、「こんな大変な状況で……」とかお茶を濁していましたが、今では自分のちんちんよりも「コロナ」という文字をよく見る世界になってしまいました。もう「虫眼鏡の概要欄死んじまえコロナ編」でもいいくらいですね。

コロナウィルス感染症の影響で、皆さんの生活は多かれ少なかれ影響を受けたことと思います。学校に行って友達とおしゃべりできない。会社に出社できないから家でお仕事。一生に一度きりの成人式や卒業旅行に行けなかった方もいれば、食い扶持がなくなって本当に困っているという方だっていらっしゃるかもしれません。

その中で我々ＹｏｕＴｕｂｅｒはどのような影響を受けたのか。

実はほとんどと言っていいほど影響を受けていないんですよね。

もちろん「撮影させてほしい場所の許可が降りない」「東京でのＹｏｕＴｕｂｅ以外のお仕事が減る」だとか、些細な問題はありましたよ。

でも、「少人数で友達の家に集まって撮影して自分の家で編集してＹｏｕＴｕｂｅにアップする」という基本的な営みができなくなるほどではありませんでした。

むしろ「今こそ僕たちが頑張らなくてはいけない時期なのでは」と、ほんの少しの使命感すら芽生えました。音楽ライブもイベントも中止、アミューズメントパークの絶叫マシーンでストレス解消もできない、居酒屋で好きなお酒を飲んでくっちゃべることもしづらい……。「ＳＴＡＹ　ＨＯＭＥ」「家にいよう」とだけ言われたって家じゃなにもすることがないじゃないか……。

そんな皆さんの有り余るほどの暇な時間を15分だけでも楽しい時間にできないかな。

ＹｏｕＴｕｂｅｒになって7年ちょい、はじめて「俺たちが楽しいから」以外のモチベーションで動画を作る気持ちになりました。

今までは、「東海オンエアさんの動画でいつも元気もらってます」と言われても、「こいつ〜そんなお利口さんコメントで僕が嬉しくなると思うなよ〜」とひねくれていた僕ですが、わずかでも「観てくれる人のため」に動画を作るようになって、その言葉が本当だったんだ、とてもありがたい言葉だったんだということに気づけました。もちろん依然としてコロナＦＵＣＫの気持ちは変わりませんが、それに気づかせてくれたことにだけは感謝かもしれません。もしコロナに道端で偶然出会ったらちっこい飴ちゃん一粒あげて「ありがとな」と言い終わるや否やぶち殴りたいと思います。

コロナ禍のなかで「ＹｏｕＴｕｂｅいいじゃない」と僕が思えたのであれば、それは他の人にとっても同じわけでして。近頃は猫も杓子もＹｏｕＴｕｂｅチャンネルを持つようになりましたね。有名な芸能人なんて僕たち（というかてつや）が肛門にいろいろなものを出し入れしながら（変な意味ではないですよ）　3年かけてたどり着いたチャンネル登録者数100万人をたった数日で達成しますからね。

それに伴い、「これだけプロが流入してきたら、素人YouTuberなんてもうこの世界で食っていけないのでは？」といったような、ご心配の言葉もたくさん見かけるようになりました。

もちろんライバルが増えたという意味では、YouTubeは今まで以上に激しい戦場になったのかもしれません。逆立ちしたって人間に与えられた1日は24時間から1秒たりとも増えませんし、そもそもYouTubeをだらだら観るような余暇時間なんてどれだけ残っているかわかりません。そのわずかな余暇時間を演者のプロ、動画のプロと奪い合うわけですから、苦戦は必至です。現に今のところ調子良さそうに見える東海オンエアも、1年前と比べると色々な指標が下がってきています。

しかし、YouTube業界に流入してきたゴールデンルーキーたちをライバルとしてではなく「仲間」として見るだけで、相当心強いのも確かです。だって僕たち石橋貴明《いしばしたかあき》さんや川口春奈《かわぐちはるな》さんと同じお仕事してるんだよ!?　すごくない!?

それだけ「YouTube」というコンテンツが魅力的になれば、これまで以上にたくさんの方があの赤いアプリのアイコンを押してくれるようになると思いますし、僕たちのお給料を出してくださっている広告主様も「ＹｏｕＴｕｂｅの時代来てるな」と感じてくださるかもしれませんよね。きっとその「魅力」というものは東海オンエア（というかてつや）が歯を食いしばって肛門にいろいろなものを出し入れしているだけでは絶対に得られなかったものだと思いますので、ただただありがたい限りです。

こんな幸せな環境が勝手にできあがってきたのに、「もう限界です」と白旗をあげてしまうのはあまりにも早いしもったいないですよね。これは皆さんに向けてというよりも、東海オンエア自身と今まで一緒に頑張ってきたＹｏｕＴｕｂｅ仲間に向けて、そしていつか心が折れた時の虫眼鏡に向けての言葉なのかもしれませんが、せっかくの機会なので「本」という物理的にいつもすぐそばにいてくれるメディアに決意表明として敢えて書き残しておきましょう。

俺たちの時代来てるぞ！　再生回数がちょっと減ったからってなんだ！　どれだけ長い間応援してくれるファンがいるんだ！　ドラクエ11のセレン女王だって言ってたよ！「勇者とは！　最後まで決してあきらめない者のことです！」って！

……と、かっこいいことを言ってみたものの、筆者には人望があまりにもないので説得力はほとんどないかと思われます。むしろこの本をここまで読んでくださった皆さまに媚びへつらっていくのが正解な気もします。

な？　頼むよ？　これから東海オンエアはどんどんオジサンになっていくけどサ？そんな顔もかっこよくないし、歌も踊りもできないけどサ？　聞いてる人を夢中にさせてしまうようなトーク力もないけどサ？　でもオジサンたち、これからも自分たちなりに頑張っちゃうつもりだからサ？　だから毎日観てネ？

それでは、最後に謝辞をば。

こんな駄文にもかかわらず文庫化の提案をくださった講談社さま。締め切り引き延ばしてすみませんでした。締め切り直前に編集しなきゃいけない動画の素材が長すぎましてね……結局35分の大作動画になったんですよ。あんまりおもしろくなかったですけど。たいへんご迷惑をおかけいたしました。

そしてメンバーのみんな。

……いや別になにも感謝するようなことされてなかったわ。まぁ普通にいつもありがとう。

そして何よりもこの本を手に取ってくださり、全く得るものもないのに最後まで読んでくださった読者の皆さま、そして東海オンエアを観てくださっている皆さま。

本当にありがとうございました。

ちなみに「む」から始まる作家さんを調べたとき、『虫眼鏡』という著者名、もしかしたら村上春樹《むらかみはるき》先生の前なんじゃね⁉」と一瞬思いましたが違いました（睦月影郎《むつきかげろう》先生がいらっしゃいました）。さすが歴史ある講談社文庫さんですね。

僕もノーベル文学賞の候補になるくらいこれからも概要欄頑張って書きたいと思います。ごめんなさい嘘です。

２０２１年２月14日　東海オンエア　虫眼鏡

概要欄の詳細
～十字架と概要欄の類似性に見る、東海オンエア的エンターテインメント概論～

伊沢拓司（QuizKnock）

お世話になっている芸能人の方から、「罰ゲームの正しい受け方」をレクチャーしてもらったことがある。

このときの例は水風呂。芸人じゃないからここまでやらなくてもいいけど、という注釈付きで教わったテクニックは、まとめると以下の通りである。

① 嫌がってから入る（罰ゲームがちゃんと罰になっていることを示す）
② 必ず頭から入る（濡れたことで「罰ゲームを受けている」ことがわかりやすく可視化される）
③ 入ったらすぐ出る（辛さをアピールできると共に、あわよくばもう一度落ちて笑いを再現できる）

こうした形で定式化された「笑いの教科書」は、そこらへんに安々と落ちているものではない。多くの芸人さんは、日々の経験や観察から、直接習わずともこうした技術を会得するのだろう。このノウハウは、そうした先人たちの伝統を引き継いだ、由緒正しき笑いである。

しかしながら、私はこれを聞いた時、感心より先に驚きが来てしまった。なぜなら、そうした「笑いの教科書」が、私の知っている流儀と異なっていたからだ。私が、約5年のYouTube活動歴において会得した「罰ゲームの受け方」は主に以下の通りである。

①嫌がりはするが、やるやらないで揉めはしない
②気づいたら始まってる
③始まったらやりっぱなし

実際のところ、私はあるタイミングで8℃の水風呂をやることになり、前述の受け方に従って、たっぷり冷たさを享受していた。これは「教科書」基準ではNGだらけだが、私自身は「うまくやれたな」と思っていたのである。

そして、そろそろお気づきの方もいるだろうが、こうした私の罰ゲーム観はまさに、東海オンエアによって培われたものである。

罰ゲーム大好きYouTuber・東海オンエアは、御存知の通り「十字架」と称される過酷かつ長期の罰ゲームを度々実施している。ふんどしでの生活やファラオ服、改名、中には令和の元号が終わるまで続くものまである。メンバーはそれを嫌がりつつも、殊更騒がず、決して手を抜かず、日常生活の中でやり遂げていく。罰ゲームを実施している様子は日々の動画やSNSで見ることができるものの、その罰ゲームを題材に動画を撮るようなことはあまり行われない。それゆえ、数本動画を見逃すだけで「なんでこんな格好してるの?」ということが頻繁に起こる。当然説明もない。ゆえに、まんまと過去の動画を見に行ってしまう……。

そんな動画ばかり見ていたもんだから、私の中で罰ゲームというものは「すんなり受け入れるし、受け切る」ものだという認識になっていた。水風呂に入ったら、その冷たさを存分に堪能し、許されるまで苦しみぬくものだと思っていた。プロレスのように技をしっかり受け切るという、東海オンエアの美学にすっかり染まっていたのである。

もちろん、両者の罰ゲーム観にはそれぞれに合理性がある。テレビのバラエティは、基本的にその場完結である。たとえレギュラー番組だったとしても、放送は飛び飛び。視聴者も「毎週見ている」人ばかりではないので、罰ゲームも当然「一話完結型」が好まれる。その場でしっかり終わり、かつ盛り上がれるもの……となると、短時間で終わるものになるだろう。故に、一瞬でその厳しさが伝わるような、一発の派手なアクションが求められるのだ。自然と、前述したような「教科書」が形成されてくるだろう。

それに対し、東海オンエアはより視聴者の日常に密着できる存在である。週6の更新に加え、控え室やメンバーシップ、各種SNSで常に触れることができる。罰ゲームが進行するさまをリアルタイムで確認可能なのだ。私もりょうくんとしゃぶしゃぶ食べに行ったらファラオだったことがある。

そうした身近かつ接触頻度の高い存在だからこそ、継続する罰ゲームは効果を発揮する。そもそも長期間、人間としての尊厳を何かしら奪われるわけだから、キツい罰になりがちである。この時点で、演出方法さえ間違えなければテレビバラエティよりも罰のキッさが伝わるものになっているのだ。となると、派手なリアクションは不要である。逆に言えば、一回一回嫌がって逃げると、より日常に近いという設定のコンテンツであるため、「マジで逃げている」感じが出てしまう。罰を「受け切る」ほうがエンタメになるのである。こうなると、テレビバラエティの教科書は、そもそもの構造上通用しない。

いささかややこしく書いたが、東海オンエアは純粋にスゲー人たちだ。人目につかないところでも絶えず罰ゲームを受け続ける、というのは並の精神力ではない。「見えないところでもやりきる」力は、演者共通の「見られるプレッシャーから逃れたい気持ち」とは真逆を行っている。こんなことを言うと「いや俺たちは楽しんでるから」なんて言われてしまいそうだが、人に見られる商売をしていると時々トチ狂いそうになる瞬間はどうしても訪れるわけで……ごまかしたくなる時もあるのだ。もはや、彼らにとっては「東海オンエアである」ということ自体が、最大の十字架なのかもしれない。それでも当たり前のようにすべてを受け入れるところに、我々は「シビれる！　あこがれるゥ！」のであろう。

さて確認だが、この文章は本書の「解説」である。ちゃんと概要欄に関係のある話をしなければならない。この「東海オンエア罰ゲーム論」はどうしてもどこかでしたかった話なのだが、そろそろ本題に戻らないとマズいだろう。

しかし読者諸君、心配はご無用である。実はこの話、虫眼鏡氏、もとい虫さんの概要欄にも通じる部分があるのだ。いやむしろ概要欄にこそ、この「見えないところでもやりきる」東海オンエア的美学がギュッと詰まっているのではないか……と、私は思っているのである。

順を追って解説していこう。

まず、本書『東海オンエアの動画が6.4倍楽しくなる本　虫眼鏡の概要欄　クロニクル』は、ここ4年ほどで公開した動画の概要欄に虫さんが書いた散文を、年代順にまとめたものである。ショートエッセイ的なその文章にはかねてより多くのファンがおり、他のチャンネルではあまり起こらない「動画の概要欄を読もうとする」という行為が東海ファンの定番となった。

年代順にまとめられてはいるものの、時代ごとの大幅な変化というものはあまりない。いつだって虫さん節である。強いて言うなら「チン○」という単語を、令和においては伏せずに使うことが増えた点くらいか（ついに公の文章でチ○コと書いてしまった。でも、3月をもってコメンテーターとしてのレギュラー番組も打ち切られてしまったし、この仕事を受けた段階でもう○ンコの話は不可避だったので仕方がない）。むしろ、長年変わることのないその文章構成は、お手本通りの折り目正しいものだ。さすが金○先生。

まずは、日常への問題提起や豆知識的な話題提供からスタート。そこに、虫さんの視点から疑問や提案が成され、しばしの考察の後に結論が提示される。抽象から具体、具体から抽象の流れも小気味よく、オチもしっかりオチているので、小話の教本があるのならぜひ掲載してほしい作品ばかりである。

お手本とは言ったものの、定番だからこその難しさがある。形や外見の面白さではなく、内容で勝負する必要があるのだ。少なくとも導入部分の問いかけ、そこに対しての具体的な提案、そしてオチの3パートについて、自ら発想を広げ面白いネタを差し込まねばならない。アイディアのオリジナリティが求められるフォーマットだ。定番だからこそ、中身で差別化を狙わねばならないのだ。

しかしながら虫さんはその要求を、なんなくこなしていくのである。「たこパ」の横展開として「ギョパ」「コンパ」「パパパ」というよくばりセットを惜しげもなく消費していくあたりには、発想への自信すら感じてしまう（ここまで言っちゃうとこれホント虫さんに怒られそうだ……）。常に自分発信で話題を思いつき、3つのパートそれぞれでオリジナリティを遺憾なく発揮するのは、想像以上に骨が折れる頭脳労働だろう。「これは少なくとも書くのに一本一時間はかかるだろうな」と思いながら読んでいたら……「長いときには40分以上かかってしまうんですね」だと？

それは書くの遅いって言わねえよ！　本当に早い。同じクリエイターとして、純粋に羨ましく思う。

特に虫コロラジオのリスナーさんはもうお気づきだろうが、こうした「そもそも面白い話題を提供する」「アイディアの数を揃える」作業のスピード感が、虫さんはハンパないのだ。普段から常にこうした話題を探し続けているか（ここで脳内虫さんが「スケベなことばかり考えていますよ」とつぶやいている）、日常を見つめる視点の解像度が特段に高いかだろう（虫眼鏡だけにね）。

そして、これは個人的に虫さんのベストカッコいいポイントなのだが、こうした惜しげもない発想の展開場所が、なんと普通に動画を見る分には開くことのない「概要欄」なのである。訓練された東海ファンの視点を一回外してみてほしい。普通は概要欄を開かないのだ。そんな日陰にある概要欄においてもなお、虫さんは昔から全力投球していたのである。

これぞまさに、「見えないところでもやりきる」力だ。

とにかく面白いと思ったことを、惜しげもなく披露していく。コスパ度外視で楽しいことを突き詰めていく。手を抜かず、淡々とこなす。これぞ東海オンエアのエンターテインメントではないだろうか。東海オンエアが天下を取った理由は、こうした考えがメンバー全員に染み付いていたからかもしれない。それゆえに、虫さんの概要欄にまでも、彼らの姿勢を見て取ることができるのである。

結果としてそのこだわりは、視聴者の行動すら変えてしまった。概要欄を開くようになり、じっくり読むようになり、ついには書籍化、文庫化まで成し遂げてしまったのだ。このスケールの大きさ、常識を変えていくところが、まさに東海オンエアらしさだろう。改めて、カッコいい先輩だなと思う。

……とはいえ、そのカッコいい先輩に対して、いささか礼を失したかもしれない。彼らは語らず努力をしているのだ。わざわざ白日のもとにそれを晒すこともなかったかもしれない。言わなかったからカッコよかったのだから。

珍棒見せても努力は見せず。伏せ字がなくなったチ◯コという文字列にすら、虫さんの試行錯誤が隠されている……かもしれない。

（伊沢拓司・クイズプレーヤー）

●本書は『東海オンエアの動画が6.4倍楽しくなる本　虫眼鏡の概要欄』（2018年7月25日刊行）、『続・東海オンエアの動画が6.4倍楽しくなる本　虫眼鏡の概要欄　平成ノスタルジー編』（2019年6月4日刊行）、『真・東海オンエアの動画が6.4倍楽しくなる本　虫眼鏡の概要欄　ウェルカム令和編』（2020年6月4日刊行）から抜き出して加筆・修正し、新規概要欄と書き下ろしエッセイを加え文庫化しました。